Waldlaubsänger — Seite 102

Habicht — Seite 106

Grauspecht — Seite 113

Grauschnäpper — Seite 117

Haubenmeise — Seite 119

Wespenbussard — Seite 120

Pirol — Seite 122

Schwarzstorch — Seite 126

KLAUS NOTTMEYER

DIE SIEHST DU — IM WALD!

64 VOGELARTEN ERKENNEN
DER KOSMOS-NATURFÜHRER

KOSMOS

INHALT

AUF VOGELPIRSCH

ZIMMERMANN IM WINTERWALD

Anfang März gehe ich durch einen kleinen Wald, um Nester von Greifvögeln zu suchen. Mäusebussard, Habicht, Rotmilan und Co. bauen ihre großen Horste meist hoch in den Baumwipfeln. Sie sind einfacher zu finden, wenn keine Blätter da sind. Die Jahreszeit ist perfekt, das Wetter kühl. Zwischen hohen, schlanken Buchen geht es bergauf und bergab, in einer Senke gluckert leise ein Bach. Überall, wo es Lücken im Buchenwald gibt, stehen verstreut Ahorne, etwas Holunder und auch Stechpalmen. Am Waldrand schaukeln alte, dicke Eichen leise ihre bizarr verdrehten Äste im Wind. Greifvogelnester suchen ist zeitraubend. Ständig wechselt der Blick von den Spitzen der Bäume zu den eigenen Füßen. Stolpern, ausrutschen und sogar hinfallen ist durchaus ein Risiko bei dieser Tätigkeit. Im späten Winter oder frühen Frühjahr lassen sich auch Spechte gut aufspüren. Sie werden früh im Jahr aktiv, ihre oft lauten Stimmen und das typische Trommeln gehören zur gut hörbaren Balz. Um den Weibchen zu imponieren, hämmern Spechtmännchen möglichst auf hohle Äste, damit der Klang besonders laut ist. Ihre Balz kann sehr lange dauern. „*Spechte werben lang und brüten spät*", scherzen die Fachleute.

Deutlich vernehme ich das Geräusch eines fleißigen Spechts aus einer Ecke des Waldes. Das Trommeln trägt weit in der winterlichen Stille. Es klingt dumpfer als das Balztrommeln und irgendwie arbeitsam – hier wird gebaut! Ich höre es, sehe den Verursacher aber nicht. Beim Heranpirschen geben daher die Ohren die Richtung vor. Als Zentrum der Geräuschquelle identifiziere ich schließlich eine mittelgroße Buche mir genau gegenüber. Vorsichtig umrunde ich sie und finde tatsächlich unten am Fuß des Baumes feine helle, also frische Buchenspäne. Gar nicht besonders hoch, vielleicht in vier Meter Höhe, entdecke ich eine ganz offensichtlich neu gebaute Höhle.

Aber wo ist der Specht? Ich fasse mein Glück kaum, als plötzlich ein Spechtschnabel mit Nachdruck weitere Späne aus dem Loch schleudert. Sofort zeigt sich auch der Kopf, denn Spechte haben die Umgebung beim Bauen ständig im Blick, sind ihr eigener Bodyguard. Als der Buntspecht mich bemerkt, fliegt er augenblicklich aus der Höhle und ruft dabei laut keckernd. Ich deute die durchdringenden Rufe als Beschwerde über den neugierigen Störenfried. Ohne aufwändiges Ansitzen in mühsam gebauten Verstecken ist eine solche Beobachtung selten. Und eine Überraschung, die meist dann passiert, wenn man nicht damit rechnet oder nicht danach sucht.

Halte Augen und Ohren stets offen. Im Wald ist es nie langweilig!

„MAN SIEHT DEN WALD VOR LAUTER BÄUMEN NICHT!"

Das stellte schon Christoph Martin Wieland (1733–1813) fest. Ein Wald ist voller Bäume, das wird niemand bestreiten. Das Sprichwort meint treffend, dass uns durch zu viele Einzelheiten allzu oft der Blick verstellt ist. Wir erkennen das Ganze nicht. Uns fehlt schlicht der Überblick.

Gilt das auch für die Vogelbeobachtung im Wald? Leider ja. Vogelbeobachtung im Wald ist nichts für Eilige, für Ungeduldige, man braucht dafür Zeit und Geduld.

Vögel lassen sich am einfachsten beobachten, wenn zwischen ihnen und uns nichts ist, einfach freie Sicht. Die Vögel halten zwar Distanz zu uns, aber am Fluss, auf Wiesen und Feldern, am Seeufer, an der Küste, ja, auch in den Bergen – überall können wir ihnen mit etwas technischer Hilfe zu Leibe rücken (S. 16), ohne sie zu stören oder zu verscheuchen. Dazu kommt, dass du meist gute Sicht hast, wenn du es vermeidest, gegen das Licht zu beobachten und es nicht regnet. Dies ist vor allem für fliegende Vögel wichtig. In der

Buntspecht

Stadt, in Gärten und Parks können die Vögel schlecht ausweichen und sind an uns gewöhnt. Sie kommen uns sogar absichtlich nahe, z. B. am Futterplatz. Super Beobachtungsmöglichkeiten!

Im Wald ist das anders. Unser Blick wird durch Bäume verstellt. Wer sich vor neugierigen Beobachtern verstecken will, hat im Wald unendlich viele Möglichkeiten: über oder in den Baumkronen, hinter oder mitten zwischen den Blättern, auf der anderen Seite eines Baumstammes, in Höhlen und Spalten. Und all das sogar ohne wegzufliegen und Aufmerksamkeit zu erregen. Wenn du ihnen dann doch zu nah kommst, fliegen natürlich auch die Vögel im Wald davon. Im schlimmsten Fall, ohne dass du das überhaupt merkst. Erschwerend kommt hinzu, dass es im Wald weniger Licht gibt. Dies gilt auch, wenn ein Laubwald im Winter keine Blätter trägt. Unter einem dichten Blätterdach ist es noch dunkler. Hier sieht man einfach schlechter als draußen und Farben wirken anders.

Wer im Wald spazieren geht, weiß auch, dass Beobachten schwer ist, weil wir viel mehr auf den Weg achten müssen als auf einem Feldweg, am Strand oder auf einem Uferweg. Warum solltest du also trotzdem im Wald Vögel beobachten, wenn es so schwer ist? Es lohnt sich! Zwischen den Bäumen wartet ein besonderes Abenteuer, der Wald birgt immer und überall kleine Wunder. Dabei fordert er dich geradezu heraus und hinter jedem Baum kann eine Überraschung auf dich warten. Und es gibt zum Glück auch im Wald genügend Arten, die mit dem Ohr und auch mit dem Auge gut zu erkennen sind! Von Amsel und Buntspecht bis zu Ringeltaube und Zilpzalp! Das Buch soll genau diese Arten besonders herausstellen und die Annäherung an sie erleichtern, durch praktische Tipps und erlebnisreiche Schilderungen ihrer Lebensweise. Wer auch nur einen Teil der Waldvogelarten erkennen lernt, kann viel tiefer das erspüren, was man vielerorts Biodiversität oder Artenvielfalt nennt.

WALD IST NICHT GLEICH WALD

MEHR ALS DIE SUMME SEINER BÄUME

Viele Bäume ergeben zusammen einen Wald. In der Natur wird aus der Summe vieler Organismen oft etwas Neues.

Einzelne Waldbäume sind sehr unterschiedlich. Nicht nur in ihrer Art, auch in Wuchs, Alter, Standort und vielen anderen Faktoren. Gemeinsam sind ihnen Wurzeln, Stamm, Äste, Krone und Blätter.

Die Bäume eines Waldes ähneln Häusern mit Stockwerken. Die Etagen gehen vom Keller, den Wurzeln, bis in das Dach, die Kronen. Wie eine Gesellschaft lässt sich der Wald in Schichten aufteilen von der Boden- über die Kraut- bis zur Kronenschicht. Der Höhenwuchs der Bäume – bei uns immerhin bis zu 50 Meter – schafft gewissermaßen zusätzliche Lebensräume, eine neue Dimension, die der offenen Landschaft fehlt.

Zum Wald gehören aber nicht nur große Bäume, sondern viel mehr: kleine und kleinste Schösslinge, Büsche, Sträucher, Blütenpflanzen, Pilze, Moose, Flechten, Farne und anderes mehr. Auch die großen und kleinen Tiere gehören dazu, vom Rothirsch über die Vögel bis hin zu winzigen, aber wirksamen Insekten wie dem Buchdrucker. Nicht zu vergessen zahllose, unsichtbar wirkende Mikroorganismen. All diese Lebewesen bilden zusammen ein außergewöhnliches Ökosystem.

FORST, NICHT WALD

Insgesamt gesehen ist der Wald bei uns meist kein Wald, sondern ein Forst. Ähnlich wie in der Landwirtschaft dominieren hier wirtschaftlich genutzte Flächen – im Forst stehen statt Mais oder Weizen eben Bäume. Die Zeiten zwischen Saat und Ernte unterscheiden

Niederwald

Buchenwald im Frühjahr

sich stark – zumindest was die absolute Zeit für uns Menschen betrifft. Gemessen am natürlichen Alter der Bäume werden sie meist sehr früh „geerntet", während die in der Regel einjährigen Pflanzen auf den Äckern am Ende ihrer Vegetationsperiode abgeschnitten und eingefahren werden. An das natürliche Ende ihres Lebens kommen Bäume im Forst nicht annähernd heran. Oder deutlicher formuliert: nie.

NIEDER- UND HOCHWALD

Welche Organsimen im Wald wie und wo leben können, hängt stark vom entsprechenden Wald ab. Ist es Hochwald oder Niederwald? Sind die Bäume unterschiedlich oder mehr oder weniger gleich alt?

Früher war Niederwald als Nutzform weit verbreitet. Nacheinander wurden die Bäume Fläche für Fläche abgesägt. Die bearbeiteten Flächen konnten nachwachsen, allerdings für meist nur zehn oder zwölf Jahre. Aus den abgesägten Stümpfen wuchsen neue, mehrstämmige Triebe und bildetet später einen ganz besonderen Wald. Das Ergebnis war ein Flickenteppich, direkt benachbarte Flächen mit jeweils unterschiedlich alten Bäumen, Jungwuchs, Büschen und Blütenpflanzen. Entscheidend war, wann die Flächen zuletzt heruntergeschnitten worden waren. Das hing auch vom Besitzstand ab. Einer der Gründe

für diese Nutzung war der Bedarf an ausreichend Nutzholz zum Heizen. Im Niederwald war vor allem Handarbeit angesagt.

Auch deswegen ist das moderne forstwirtschaftliche Ziel ein Hochwald. Auf großer Fläche sollen möglichst viele Bäume mit ähnlichem Alter stehen. So kann die Forstwirtschaft mit relativ geringem Aufwand schnell und nah beieinander gleich lange und dicke Bäume ernten. Auch natürliche Waldformen können Hochwald werden.

Es gibt viele Mischformen mit unterschiedlich alten Bäumen nebeneinander auf einer Fläche, keine Altersklasse dominiert (altersgemischt). Hier erfolgt die Entnahme der Bäume nicht flächig, sondern oft auf kleine Gruppen oder einzelne Bäume beschränkt.

LICHT UND BODEN

Die Art des Waldes hängt von zwei Faktoren ab: Licht und Boden. Bäume streben dem lebenswichtigen Licht entgegen. Im Wald kämpfen alle Pflanzen darum, das meiste Licht zu ergattern, denn im Schatten wächst es sich meist schlecht. Naturnahe Wälder, vor allem Buchenwälder, haben unbestritten die Tendenz, nach oben hin dichtzumachen. Der Wald möchte sozusagen so viele Bäume wie möglich haben. Unterwuchs und junge Bäume haben nur dann eine Chance zu wachsen, wenn sich eine Lücke auftut.

Der Boden ist für den Wald genauso wichtig wie Luft und Sonne. Wuchsform, vorkommende Arten werden bestimmt durch die Feuchtigkeit des Bodens, den Anteil an Humus oder Gestein. Auch die Art des Gesteins, die Durchlässigkeit des Untergrundes für Wasser und viele andere Faktoren sind entscheidend für die Art und Zusammensetzung des Waldes.

LÜCKEN IM WALD

Ein idealer Wald besteht aus vielen Bäumen unterschiedlichen Alters. Der naturnahe Wald ist sehr lückig und hat viele freie Stellen, die Artenvielfalt ermöglichen. Lichtungen können durch Sturm, Schneelast, Hitze oder Brand entstehen. Aber auch das natürliche Alter und Absterben der Bäume lässt immer wieder Lücken entstehen. Auch Pflanzenfresser beeinflussen den Wald, halten Bäume klein und Flächen kurz. Früher war es das Wollnashorn, heute sind es eher Rehe und Borkenkäfer.

NUTZEN UND NUTZUNG

Der Wald ist zuallererst ein ungewöhnlich reicher Ort – für die Natur und eine Unzahl von Arten. Er speichert Wasser, Biomasse und CO_2. Er fungiert als Luftfilter und gilt als Lunge der Welt – wenn das auch ein wenig hoch gegriffen ist. Der Wald hält den Boden fest, schützt den Menschen vor Bergrutschen und

fügt Schicht für Schicht wertvollen Humus hinzu. Wenn du sehen willst, wie es aussieht, wenn der Mensch den Wald wegnimmt, ohne Bäume nachzupflanzen, besuche die Inselgruppe der Kornati an der kroatischen Küste. Ehemals dicht bewaldet, sind die Inseln heute fast völlig frei von Bäumen. Durch jahrhundertelange, schonungslose Abholzung, Erosion, Wind und Sonne ist der Boden verkarstet und ausgetrocknet. Neuer Wald hat hier kaum eine Chance.

Der Wald nutzt dem Menschen. Früher war er voller Tiere zum Jagen und Holz zum Bauen. Heute dient er neben der Forstwirtschaft vor allem der Erholung und dieser Trend nimmt rasant zu. Nicht immer zum Nutzen des Waldes. Störungen durch Radfahrer, Wanderer, Camper und andere können empfindliche Arten schwer treffen, zum Beispiel den Schwarzstorch.

Die aktuelle, dramatische Situation durch lange Trockenheit und hohe Verluste vor allem bei den Nadelbäumen lassen uns den Wald neu betrachten: Was machen wir nun mit den vielen neu entstandenen Lücken im Wald in Zeiten des Klimawandels? Vorsichtige und auch weitsichtige Fachleute raten zu dem, was leicht zu erraten ist: nichts. Das fachliche Wort dazu lautet Sukzession. Die natürlich nachwachsenden Bäume und Pflanzen wer-

den mit der Zeit einen neuen Wald bilden, der möglicherweise „besser weiß", wie es sich in klimatisch veränderten Zeiten leben lässt. Es gibt auch wissenschaftliche Belege, dass sich gefährdete oder zurückgehende Arten auf diesen Flächen, wo der Mensch den Wald neuen Wald werden lässt, besonders wohl fühlen.

Fichtensterben

WALD UND VÖGEL

Wenn wir nach den Vögeln gucken, sollten wir den Wald genauer betrachten. Stehe ich im dichten Wald oder am Rand? Ist der Wald klein oder groß, dicht oder lückig? Sind die Bäume gleich oder unterschiedlich alt? Wie hoch sind die Anteile von Nadel- und Laubbäumen? Die Vögel haben sich der Schichten des Waldes angenommen und besiedeln sie oft getrennt nach Arten. So sind beispielsweise Kernbeißer typische Vögel der Kronenschichten, Spechte bevorzugen die Baumschicht und Grasmücken die Strauchschicht. Manche Vogelarten bevorzugen nicht den dichten Wald, sondern den Rand. Der Übergang zwischen dichtem Wald und offenem Land ist für viele attraktiv. Die Bäume geben Schutz, bieten Platz für große, schwere Horste. Die Nahrung wird auf offenem Feld, am Wasser, in den Bergen geholt und in den Wald getragen.

Wie die Auswahl der Arten für dieses Buch zeigt, gibt es sehr viele dieser Grenzgänger, von Mäusebussard und Rotmilan bis zu den kleinen Singvögeln wie zum Beispiel der Sumpfmeise. Wirklich nur im Wald leben gar nicht so viele Arten – vor allem solche wie Schwarzstorch, Habicht, einige Spechte oder Goldhähnchen. Doch egal ob Grenzgänger oder reiner Waldvogel, für alle bietet der Wald einzigartige und wichtige Lebensräume.

DIE AKTUELLE LAGE DER VÖGEL IM WALD

Im Laubwald ansässige Brutvogelarten haben meist eine durchaus positive Entwicklung vorzuweisen. Dazu gehören unter anderem die Höhlenbrüter Mittelspecht, Grünspecht und die Hohltaube. Sie profitieren davon, dass seit etlichen Jahren mehr Altholz im Wald stehen gelassen wird, es ist ja nicht alles schlecht. Auch Kohlmeise und Kleiber nehmen im Be-

stand zu. Andere Arten wie Fitis und Gartengrasmücke gehen zurück. Beide bevorzugen in der Brutzeit Jungwaldstadien mit ausgeprägter Strauchschicht. Wo der Wald stark durchforstet oder wenig altersgemischt ist, finden sie offenbar nicht genug Brutplätze. Die Bilanz für Vogelarten, die Nadelwälder bevorzugen, fällt weniger positiv aus. Erfreulich gut hat sich der Bestand des Gimpels entwickelt. Tannenmeise, Schwanzmeise, Wintergoldhähnchen gehen dagegen im Bestand zum Teil stark zurück, die Gründe dafür sind weitgehend unbekannt. Waldbaumläufer, Rotkehlchen, Singdrossel, Haubenmeise, Eichelhäher und Sommergoldhähnchen scheinen weder ab- noch zuzunehmen.

Arten, die sich nicht festlegen lassen auf Nadel- oder Laubwald, wie Buchfink, Buntspecht, Misteldrossel oder Kolkrabe, nehmen teilweise zu oder sind im Bestand stabil.

Die letzten Jahre zeigen eine Umwälzung unserer Wälder wie wohl seit Menschengedenken nicht mehr. Fichtenforst, aber auch Laubwälder sind betroffen. Besonders die geschädigten Fichten werden in gewaltig großen Arealen abgeholzt. Dies bedeutet eine umfassende Änderung zentraler Lebensbedingungen vor allem für die Vögel des Nadelwaldes. Spekulieren kann man im Augenblick nur darüber, was mit deren Beständen in naher und ferner Zukunft passieren wird. Viele Fachleute raten, dass eine vorsichtige, naturnahe Wiederbegrünung der geschädigten Waldflächen für den Wald, die Vögel und auch für das Klima die beste Variante wäre.

LAUSCHER AUF!

OHNE OHREN GEHT ES NICHT!
Vögel beobachten im Wald ist anspruchsvoll.
Nicht nur unser Auge ist beansprucht, sondern ganz besonders das Ohr. Oft hörst
du einen Vogel, lange bevor du ihn siehst.
Nirgendwo sonst kann man das so gut
lernen wie im Wald. Der Vogelgesang ist
ein elementarer, unverzichtbarer Bestandteil
des Walderlebens:
*„Die Singvögel sind es, die der Waldesdich-
tung das rechte Wort leihen und zum Wort
den rechten Klang zu finden wissen; ihnen
zumeist dankt der Wald die Liebe, mit der
wir an ihm hängen."* (Alfred Brehm)
Wer im Frühjahr vom Feld her auf einen Wald
zugeht, wird sofort den Unterschied bemerken. Aus dem Wald schallt der Vogelsang
besonders laut und vernehmlich heraus! Dort
drin singen tatsächlich viel mehr Vögel als in
der freien Landschaft. Einige Arten findest
du nur außerhalb des Waldes und Vögel sind
dort meistens sehr gut zu sehen und zu hören. Dennoch sind Artenvielfalt und Anzahl
der Vögel im Wald höher. Es gibt einfach mehr
Individuen, da, wo es viele Bäume gibt.

IMMER MIT DER RUHE
Im Wald kannst du nicht weit sehen, die Sicht
wird immer behindert durch Bäume, Zweige
und Blätter. Mache daher kurze, langsame
Schritte und bleibe oft an einer Stelle stehen
oder setz dich und warte, was passiert. Es
ist ein außerdem ganz besonderer Moment,
in einem Wald zu sitzen und die Vielfalt der
Vogelstimmen einfach nur zu genießen, wie
in einem Konzert. Umsonst.

HINTERHERHÖREN
Um einen gehörten Vogel zu entdecken, sind
Richtung und Entfernung ganz wichtig. An
dieser Stelle hilft nur die Übung.
Ein Beispiel. Eine wirklich knifflige Art ist der
Grauschnäpper: klein, grau, oft in den Baum-
kronen hinter dichten Blättern verborgen.

Seine Stimme ist zart und sehr unauffällig. Bei
einer Waldbegehung konnte ich ihn plötzlich
deutlich hören. In Richtung der gehörten Rufe
sah ich eilige Bewegungen von zwei kleinen
Vögeln – an einem Waldrand neben einem
Bach mit jungen Erlen. Zu meiner Überraschung entdeckte ich eine kleine Baumhöhle
mit zwei fleißigen Grauschnäppern. Diesen
Brutplatz in wenigen Metern Höhe zu finden,
sehr schön vom Weg aus zu beobachten,
das war ein Zufall. Und Glück. Außer an
einem Nistkasten hatte ich Grauschnäpper
am Brutplatz noch nie so gut gesehen. Aber:
Ich konnte die unscheinbaren Vögel nur entdecken und beobachten durch die „Pirsch"
hinter dem Gesang her.
Richtungshören, also die Richtung, in der
der Vogel singt, erlauschen, ist das Zauber-
wort. Am besten vielleicht erst einmal mit
geschlossenen Augen, dann langsam hinter-
hergehen. Das Erkennen des Gesangs ist dabei eine wichtige Grundlage, aber nicht zwin-
gend notwendig, wenn du den Verursacher
des Gesanges am Ende zu Gesicht bekommst.

VOGELSTIMMEN LERNEN
Mein erster Tipp: Wichtig ist die richtige Jahreszeit. Viele interessierte Anfänger beschwe-
ren sich (zu Recht) über das Durcheinander an
Stimmen im Frühjahr. Zu bestimmten Zeiten
singen so viele Vögel auf einmal, dass selbst
der erfahrene Vogelkundler sie nicht alle auseinanderhalten kann. Wie heißt es so schön:
„Die Vögel singen mit einem Schnabel."
Überraschendweise eignet sich der Winter
gut für den Start. Welcher Vogel singt im
winterlichen Wald? Es ist das Rotkehlchen. Im
Wald singen auch dann Rotkelchen, wenn es
bitterkalt ist und die Laubbäume keine Blätter
haben. Wenn du den Gesang des Rotkehlchens schnell erlernen willst, geh im Winter
in den Wald und schon kennst du deine erste
Vogelstimme.

Buchfink, Männchen

WER SINGT WIE?

Wenn du herausfinden willst, welcher Vogel zu welchem Lied gehört, musst du auf die Suche gehen und dem Gesang folgen. Das Ohr gibt die Richtung vor, das Auge muss „nur" folgen. Im Wald ist das zwar keine einfache Aufgabe, mit ein bisschen Geduld und Abenteuerlust schaffst du das trotzdem. Obwohl im Wald die optischen Bedingungen eingeschränkt sind, ist ein Fernglas immer hilfreich. Oder gerade deswegen.

SÄNGER SEHEN

Das ist der ultimative Gedächtnis-Marker. Der zentrale Faktor ist die eigene Erfahrung. Du kannst vieles vorher zu Hause, im Auto oder wo auch immer üben, indem du dir Vogelstimmen anhörst oder Videos schaust. Das ersetzt aber nicht den „Aha-Effekt" in der Natur, der Ohr und Auge verbindet. „Ach, *der* ist das!" Solche Situationen, nachdem du dem Gesang bis zum Sänger gefolgt bist, vergisst du nie. Dieser Erfahrungsschatz erweitert sich immer mehr, doch das Lernen von Vogelstimmen hört niemals auf. Auch langjährig erfahrene Vogelbeobachter werden immer wieder auf die Probe gestellt, weil sie einen Gesang, einen Ton, einen Ruf nicht deuten können. Auch sie brauchen Geduld und Muße, um hinter das Geheimnis zu kommen. Vogelgesang ist sehr facettenreich und kann sehr individuell sein. Jeder Vogel singt auf seine persönliche Art.

NUR PUBLIKUM

Bei aller Liebe darf man nicht vergessen: Die Vögel singen nicht für uns. Sie nutzen ihre eigene Sprache, die sie einfach viel besser verstehen. Lokale Dialekte und individuelle Unterschiede, Varianten, neu entstehende Strophen – all das macht Vogelgesänge für uns immer wieder zu einem Buch mit sieben Siegeln. Da durchzufinden ist für unsere Ohren und unser Hirn eine große Herausforderung – aber auch ein großes Vergnügen. Für die Vögel ist es das Salz in ihrer sozialen Kommunikationssuppe.

GEMEINSAM ZUM ZIEL

COMMUNITY

Schwarz-Weiß-Fotos alter Tage beweisen, dass das Gemeinschaftserlebnis beim Birden immer wichtig war. Ganz früher waren es vor allem ältere Herren, die mit langen Bärten und Flinten bewaffnet grimmig in die Kamera starrten. Selten waren auch mal ein paar Damen dabei. Vereinsmeierei ist nichts für jeden und in modernen Zeiten wirken naturkundliche Vereinigungen leicht angestaubt. Ich will dennoch eine Lanze für sie brechen, denn sie ermöglichen schon rein digital einen ungemein regen und fruchtbaren Austausch unter den Vogelinteressierten. Inzwischen ist das Birden weiblicher geworden. Beim bundesweiten Birdrace im Jahr 2020 waren es immerhin mehr als 25 Prozent Frauen.

Die Community ist ein Tippgeber für besondere Arten oder schöne Gebiete, als Austausch bei Bestimmungsproblemen, sie gibt Antworten auf viele Fragen, die sich aus dem aktiven Birden ergeben.

Noch besser als der digitale Austausch ist das Treffen – am besten vor Ort. Im Internet findest du unzählige regionale Blogs, Webseiten, Treffpunkte und Exkursionen.

NERD-BEGLEITUNG

Überall sind sie zu finden. Vogel-Nerds, die sich mit Vogelstimmen und -arten auskennen. Mit ihrer Hilfe kommst du noch schneller zum Ziel. Suche dir also jemanden in der Nähe, der relativ sicher ist im Umgang mit – sagen wir mal – 150 Vogelarten. Auch wenn die Community der Birder auf den ersten Blick wie eine eingeschworene Geheimsekte wirken kann, es lohnt sich, den Sprung zu ins kalte Wasser zu wagen. Vogelkundler sind (fast) immer sehr nette und hilfsbereite Menschen. Sie freuen sich sehr über neue „Jünger" der Birder-Zunft und geben ihre Kenntnisse mit Freude weiter.

LISTEN FÜHREN

Jeder Vogelbeobachter macht es. Sie führen eine Liste auf Papier, auf dem PC, im Netz oder im Kopf. Eine Liste, welche Art sie schon wann und wo gesehen haben. Lange war das eine sehr abgeschiedene, private Sache. Dank des Internets kann sie inzwischen sehr öffentlich sein. Manche machen einen regelrechten Wettbewerb aus dem Vergleich der Listen, dir können sie auch als Hilfe bei der Entdeckung neuer Arten dienen. Das Portal Ornitho.de mit seiner App „NaturaList" verzeichnet genau, wo wer was gesehen hat. Dort findest du Meldungen für Beobachtungen ganz in deiner Nähe – eine Anregung, sich auf die Suche zu machen.

PUSCHEN-REVIER

Wie kannst du dich noch als Vogelbeobachter verbessern? Wie kommst du zu vielen guten Beobachtungen? Natürlich kannst du hinter den Seltenheiten herjagen, aber bewährt hat sich die Beständigkeit. Ein alter Freund nannte es „Puschen-Revier". Du brauchst ein Stamm-Revier für die Vogelbeobachtung, das so nah liegt, dass du es quasi in Puschen erreichen kannst. Suche dir einen Wald in der Nähe deiner Wohnung oder der Arbeitsstelle. Dort solltest du dir eine feste Route aussuchen, die du immer wieder gehst, wechsle auch immer mal wieder die Richtung. So machst du dich immer mehr mit dem Revier vertraut und siehst oder hörst über kurz oder lang alle Arten, die dort leben, auch die

schwer zu entdeckenden, wie Sperber oder Habicht. Und noch etliche, die mal so da vorbeikommen, zum Beispiel, wenn sie dort auf dem Zug rasten. Du musst nur oft genug hingehen. Als ganz allgemeiner Start kannst du dafür auch deinen Garten oder Balkon, deinen Arbeitsweg oder den Stadtpark wählen, falls du keinen Wald in der Nähe hast.

MIT DER FAMILIE

Mit dem Vogelbeobachten ist es wie mit einer Fremdsprache, je früher man anfängt, desto besser. Und es ist eine wunderbare Aktivität für die ganze Familie. Kinder haben im Wald viele Vorteile. Sie sind beweglicher, hören und sehen deutlich besser. Zwar fehlt ihnen manchmal die nötige Geduld, aber das machen sie wett durch ihre schnelle Auffassungsgabe und ein super gutes Gedächtnis. Einmal Feuer gefangen, lernen sie unglaublich schnell. Ich habe schon junge Birder mit 13 oder 14 Jahren erlebt, die alte Hasen staunen ließen. Spielerisches Entdecken und Wiederfinden von Vögeln oder wettkampfartiges Listeführen sind ein toller Einstieg ins Vogelbeobachten.

AUSRÜSTUNG

FÜRS OHR

Als ich ein blutiger Anfänger war, hat mir die schiere Menge der singenden Arten schwer zu schaffen gemacht. Damals lieh ich mir Langspielplatten und überspielte sie auf Kasetten. Nie vergesse ich meinen ersten Karmingimpel. Den Gesang hatte ich noch nie gehört und erkennen konnte ich den Vogel auch nicht. Zum Glück sang der Vogel und sang und sang. Ich spulte hektisch die Kassetten vor und zurück, spielte ab, spulte wieder …Vogelstimmen zu behalten, wenn sie nicht mehr erklingen, fällt schwer, mit jeder Minute zwischen Hören und Vergleich wird die Zuordnung schwieriger. Immerhin konnte ich sehen, dass es ein Fink war und irgendwann fand ich ihn auf der Kassette. Lange her – aber nie vergessen.

Du hast es viel einfacher. Das Smartphone ist heute Vogelstimmen-Datenbank, Abspiel- und Aufnahmegerät in einem und dazu noch leicht und sowieso immer dabei. Jeder Gesang lässt sich auch viel leichter finden. Vogelstimmen-Apps bringen Foto und Gesang zusammen. Die Stimmen der Vögel in diesem Buch kannst du dir über die Kosmos-PLUS App anhören, vergleichen und verinnerlichen.

UND ACTION!

Vogelgesänge lassen sich sehr schwer in gesprochene oder Schriftsprache übertragen, dennoch ist eine schriftliche Beschreibung des Gesangs in den meisten Vogelführern enthalten. Meist hilft das nur, wenn der Gesang schon fast gelernt ist. Die Worte dienen mehr

der Wiedererkennung oder der Erinnerung. Den Gesang in eigenen Worten zu beschreiben ist zwar für dich als Erinnerungsstütze hilfreich, jemand anders kann damit aber unter Umständen nicht viel anfangen. Jeder versteht Gesang anders, jeder gibt ihn auf seine Art wieder. Wenn du also Hilfe brauchst, versuche den Gesang aufzunehmen oder sogar ein Video vom singenden Vogel zu machen. Die Community kann dich dann bei der Bestimmung unterstützen.

NUR FÜR PROFIS

Ausschließlich Fachleuten vorbehalten ist die sogenannte Klangattrappe. Man kann einem Vogel seinen eigenen Gesang vorspielen und ihn zur Antwort animieren, um seine Anwesenheit nachzuweisen. In vielen Ländern bedarf ihr Einsatz einer behördlichen Genehmigung. Denn man simuliert einen Konkurrenten für den Vogel, und das ist für den Revierbesitzer immer eine ernste Sache – auch wenn er künstlich vorgespielt wird. In der so oder so sehr anstrengenden Brutzeit ist das eine vermeidbare Störung und sorgt für unnötigen Stress. Im Sinne des Artenschutzes: Überlass die Klangattrappe den Händen der Profis, die sie für wichtige Programme zum Erfassen ganz bestimmter Arten einsetzen.

FÜRS AUGE

Vögel können sich im Wald ausgezeichnet verstecken. Sie sind scheuer, den Umgang mit Menschen nicht so gewohnt wie die Vögel in der Stadt. Scheue Vögel sind immer zu weit weg und im Wald ist es dunkel. Ein gutes Fernglas hilft, die Entfernung zu überbrücken und kann den Wald sogar aufhellen! Qualitativ hochwertige Ferngläser sammeln das Licht ein und lassen dunkle Ecken heller erscheinen. Im Wald ist Qualität besonders wichtig. Die Frage nach dem finanziellen Rahmen für dein Hobby musst du letztlich selbst beantworten. Auch für vergleichsweise wenig Geld bekommt man passable Gläser. Probiere verschiedene Modelle aus und entscheide dich dann nach deinen Bedürfnissen. Gute und damit meist auch teure Ferngläser sind nicht nur lichtstark, sie geben auch Farben besser wieder, die für die Bestimmung von großer Bedeutung sein können. Später ärgerst du dich vielleicht, an der falschen Stelle gespart zu haben. Wirklich gute Ferngläser sind zwar sehr teuer – sie können aber lebenslange Begleiter werden. Im Wald ist ein 8 × 42-Fernglas eine gute Wahl, also eines mit achtfacher Vergrößerung und einem Objektivdurchmesser vom 42 Millimeter. Es ist klein, leicht und lichtstark.

ÜBUNGSSACHE

Am Anfang ist es schwer, das Fernglas schnell genug so auszurichten, dass du den Vogel auch siehst. Lass ihn nicht aus den Augen, während du dein Fernglas ziehst. Vögel bewegen sich mitunter rasant schnell, also musst du schneller sein und gut zielen üben. Dann hast du den Busch gefunden, in dem die Grasmücke saß (welche war es bloß?), und auf genau die richtige Stelle scharf gestellt – perfekt – nur der Vogel ist schon längst weitergehüpft, geschlüpft, geflogen. Aber mit etwas Übung wirst du sicher zum erfolgreichen Birder, der schneller zieht als sein Schatten! Auch Lucky Luke war kein Meister von Anfang an.

TIPP FÜR BRILLENTRÄGER

Durchgucken oder Brille abnehmen – vor dieser Frage stehen etwa zwei Drittel aller Menschen, die Vögel gucken wollen. Wer die Brille hochhebt oder in die Hand nimmt und dann durch das Glas sieht, hat einige Vorteile, der Bildausschnitt ist größer und der Blick unmittelbarer. Aber bei der Verfolgung eines Vogels im dichten Gebüsch oder durch die Bäume muss man immer wieder das Fernglas absetzen, um nachzusehen, wo der Vogel ist. Deswegen gucke ich durch die Brille durchs Fernglas. Schon seit Jahrzehnten. Alle guten Ferngläser haben eine Brilleneinstellung. Die Okulare haben herauszieh- oder drehbare Brillenaufsätze, damit der Abstand der Augen zur Optik des Fernglases trotz Brille passt. Probiere aus, womit du besser zurechtkommst, denn du solltest dich für eine Herangehensweise entscheiden, um genug Routine zu entwickeln und schnell genug zu werden.

VÖGELN AUF DER SPUR

JIZZ

Die Engländer nennen es Jizz. Vorsichtig übersetzt ist das der Gesamteindruck eines Vogels. Es sind deutliche Merkmale eines Vogels, die leicht zu merken und sofort erkennbar sind. Bist du mit erfahrenen Birdern unterwegs, wirst du früher oder später sicherlich folgende, leicht frustrierende Situation erleben: Ein brauner Schatten saust in hohem Tempo vorbei, der Orni-Nerd sagt nur knapp „Sperber". Ja, spinnt jetzt der? So schnell konnte der das doch gar nicht sehen! Ein Vogel war es ganz klar, mehr aber auch nicht. Der kann ja viel erzählen!

Wenn du mutig bist und nachfragst, bekommst du wahrscheinlich eine von zwei Antworten. Dein Vogel-Nerd beginnt ausführlich und lange zu reden, erläutert Einzelheiten des Sperberaussehens und ihres Verhaltens und ergeht sich in Angaben wie „kurze, stumpfe Flügel" oder „taubenartig schneller Flügelschlag". Das klingt nach Fachchinesisch und hilft dir im ersten Moment vielleicht wenig. Andere können es schlecht oder gar nicht erklären. „Das sieht man doch" ist dann die Antwort und auch nicht gerade hilfreich. Aber recht haben sie beide. Mit etwas Übung erkennt man Vögel auf einen Blick an genau solchen Merkmalen, die ganz charakteristisch für die jeweilige Art sind. Und das ist auch gut so, denn einerseits ist viel Zeit und Geduld nötig, um Vogelkunde praktisch zu lernen. Andererseits ist aber die reale Beobachtung oft in Sekunden wieder vorbei. Das Erkennen muss also schnell gehen, sehr schnell. Selbst wenn du dir nur typische Merkmale verschiedener Vogelgruppen einprägst, schränkt das die Auswahl schon ungemein ein. Manche Arten haben so einzigartige Eigenschaften, dass du sie schon bald auf einen Blick erkennen kannst.

SILHOUETTEN

Schon an der Silhouette eines Vogels, seiner Körperhaltung, Form und Größe, auch seiner Schnabelform kannst du einen Vogel erkennen oder zumindest einer bestimmten Vogelgruppe zuordnen.

Die jeweilige Gestalt eines Vogels ist im Buch durch einfache Silhouetten eingeordnet, die direkt unter den Namen stehen und eine Hilfestellung sein können. Als Referenzvogel für einen Größenvergleich wurde die Amsel gewählt, deren Größe du dir leichter vorstellen kannst.

AUFFÄLLIG

Um den Jizz eines Vogels zu erlernen, schau dir auch sein Verhalten genau an. Nutzt er eine Sitzwarte? Welche nutzt er und wie? Auf welche Art sucht er Nahrung? Hüpft oder läuft er? Auch die Art zu fliegen gehört dazu: in Wellen (Specht) oder gerade (Fink), kreisend (Mäusebussard) oder flatternd (Zilpzalp), steif geradeaus (Amsel) oder zickzack durchs Gebüsch (Zaunkönig), losgeschossen wie eine Rakete (Ringeltaube) oder lautlos unbemerkt wie ein Eule.

Am Ende hilft nur die eigene Erfahrung, um von diesen Merkmalen in Sekundenbruchteilen auf den Vogel zu schließen. Ein bisschen ist es wie beim Lernen einer Fremdsprache. Die Bücher, Auswendiglernen der Grammatik, das Üben der Schreibweise – jeder weiß, dass nichts besser hilft, als sich einfach mitten unter die Menschen zu mischen, ihnen zuzuhören und mit ihnen zu reden. Also ab nach draußen!

SHERLOCK HOLMES IM WALD

Der berühmteste aller Detektive würde genauso vorgehen: Wenn ein Vogel sich im Wald davongemacht hat, gilt es, seine Spuren zu

Rotkehlchen

Gimpel, Männchen

suchen, dann richtig zu verstehen und aus den vorliegenden Fakten auf das Geschehen zu schließen.

ZENTRALE SPUR

Ist der Vogel selbst nicht anwesend, sind Federn der beste Hinweis. Zur Bestimmung von Vögeln anhand gefundener Federn gibt es viele Bücher sowie sehr gute Hilfen im Internet. Vögel verlieren ständig Federn, durch die Mauser oder durch ein Missgeschick. Das endgültigste Missgeschick ist der Tod. Sperber, Habicht und Co., die Vögel jagen, hinterlassen eine sehr charakteristische Spur. Sie rupfen ihrer Beute die Federn aus und lassen diese verstreut liegen. Anhand dieser sogenannten Rupfung kannst du nicht nur das Opfer bestimmen, sondern auch manches über den Beutegreifer selbst erfahren.

Das Bestimmen einer Feder kann vergleichsweise einfach sein im Gegensatz zum ganzen Vogel. Trotz ihrer Herkunft fliegt die Feder schließlich nicht mehr aktiv weg.

Besonders auffällige Exemplare wie die blau gefärbten Federn des Eichelhähers machen es einem leicht. Aber bei einer Wanderung in den bayerischen Bergen fand ich einmal eine ganz andere, braune Feder, die den anwesenden Vogelkennern den Schweiß auf die Stirn trieb. Sie stammte ebenfalls vom Eichelhäher.

ESSENSRESTE

Gewölle sind ausgezeichnete Hinweise auf Greifvögel. Vor allem Eulen sind fleißige Produzenten dieser hervorgewürgten Nahrungsreste, die auf ihre Anwesenheit und ihre Beute, meist Säugetiere, schließen lassen. Auch die Tischmanieren anderer Vögel lassen zu wünschen übrig. An Körnern, Nüssen oder Zapfen findest du häufig Fraßspuren. Der Fichtenkreuzschnabel isst seine Mahlzeit nicht ganz auf, er bearbeitet Fichtenzapfen lückig, mache Samen fehlen, andere nicht. Der Buntspecht dagegen zerfleddert den Zapfen bei dem Versuch, so viel wie möglich herauszuholen. Baumstümpfe, die von einem Schwarzspecht bearbeitet wurden, sind unverkennbar, weil sie wie gesprengt aussehen (S. 100). Singdrosseln zerschlagen geschickt Schneckenhäuser auf Steinen (S. 74) und Wespenbussarde (S. 120) hinterlassen leer gefressene Waben der Beuteinsekten.

ARTENAUSWAHL

In diesem Buch werden keineswegs alle Vögel vorgestellt, die im Wald zu finden sind. Einige sind schlicht zu selten oder zu schwer zu entdecken.

Um dir den Einstieg ins Birden im Wald zu erleichtern, sind die vorgestellten Arten nach Sicht- bzw. Hörbarkeit eingeteilt.

DIE SIEHST DU BESTIMMT

Diese Arten machen es dir wirklich leicht. Sie sind häufig, einfach zu entdecken und leicht zu erkennen. Dazu gehören Buntspecht, Rotkehlchen und Blaumeise.

Du findest hier auch Arten, die viel von sich hören lassen, aber nicht ganz einfach zu sehen und optisch sehr schwierig zu bestimmen sind, wie den Zilpzalp.

Deswegen stehen sie ganz vorne.

Ich mache einmal einen Versuch und lege zehn Arten fest, die jeder Vogelbeobachter in seinem ersten bewussten, aktiven Vogel-Jahr im Wald gesehen haben „muss", so wie Afrikareisende die berühmten „Big Five" (Elefant, Nashorn, Büffel, Löwe und Leopard). Keine Angst, die „Big Ten" sind wirklich nicht schwer: Rotkehlchen, Buntspecht, Amsel, Ringeltaube, Eichelhäher, Kohlmeise, Buchfink, Zaunkönig, Kleiber, Blaumeise.

DIE SIEHST DU WAHRSCHEINLICH

Diese 14 Arten sind ein wahres Sammelsurium. Hier tauchen häufige, aber sehr unscheinbare Vögel auf, wie die Heckenbraunelle, denn häufig heißt nicht immer auch gut zu sehen. Aber du findest hier auch Arten, die du anderswo häufiger antriffst als im Wald, wie die Nilgans. Die meisten Vögel in diesem Kapitel sind Singvögel. Sie sind eine Gemeinschaft eifriger und oft gut erkennbarer Sänger. Verflixte Zwillinge findest du ebenfalls in diesem Kapitel. Drei schwer unterscheidbare Zwillingspaare bilden Klippen, an denen du als aufstrebende(r) Vogelkundler/in mit deinem kleinen Schiff vorerst schnell zerschellen

kannst. Zur besseren Vergleichbarkeit stehen sie auf einer Doppelseite nebeneinander, auch weil sich viele Merkmale wiederholen. Dabei sind die keineswegs alle gleich häufig oder ähnlich schwer oder leicht erkennbar. Bei genauem Hinsehen entdeckst du auch bei ihnen ganz eindeutige Merkmale.

Diese Zwillinge sind Beispiele für die zunehmende Verfeinerung der ornithologischen Kenntnisse. Im ersten Schritt bist du froh, wenn du eine Drossel, einen Baumläufer erkennen und „ansprechen" kannst, wie es die Fachleute ausdrücken, also die Art korrekt mit dem Namen verbinden kannst. Die Zwillinge auseinanderhalten – das ist Birdwatching auf einem höheren Niveau. Dann bist du schon kein einfacher Waldspaziergänger mit Fernglas mehr. Wenn du die Arten in diesem Kapitel draufhast, bist du einen Riesenschritt weiter.

RESPEKT, WENN DU DIE ENTDECKST

Diese Arten sind fast alle gleichermaßen schwer zu knackende Nüsse. Einige sind nicht leicht zu bestimmen, andere sind selten, leben heimlich oder an schwer zugänglichen Orten im Wald. Es kann also eine Weile dauern, bis du ihnen überhaupt begegnest. Sie gehören aber alle definitiv in den Wald.

Eine Beobachtung ist durchaus auch möglich, wenn du das erste Mal in den Wald kommst, wie bei der Waldschnepfe, die vor deinen Füßen plötzlich auffliegt. Dafür braucht man weder Können noch Geduld – sondern eine gehörige Portion Glück. Denn gerade bei den selteneren oder schwer zu sehenden Arten ist das Glück – wie so oft im Leben – eine wichtige Größe. Andere wie der Waldlaubsänger und der Pirol sind schon weniger schwer zu entdecken, wenn man den Gesang kennt. Die kleinen Singvögel in diesem Kapitel, wie die Schnäpper oder Meisen, sind „schwere Arbeit" beim Entdecken wie beim Bestimmen. Die wirklich Großen, Schwarzspecht und Schwarzstorch, sind zwar schwer zu über-

Fitis

sehen, aber vielerorts eine echte Seltenheit. Der Schwarzspecht ist dabei deutlich einfacher zu entdecken, weil er sich auffällig verhält und laut ist. Der schwarze Storch ist wirklich eine Besonderheit, meistens sieht man ihn gut, wenn er ab August auf dem Zug ist, also gar nicht im Wald. Seine Brutplätze unterliegen strengem Schutz und er ist äußerst empfindlich. Insofern ist eine Beobachtung im Brutgebiet nur unter Anleitung eines erfahrenden Vogelschützers vertretbar, der weiß, wo die Vögel sind und wie man sie sehen kann, ohne sie zu stören. Denn es gilt beim Beobachten: Der Schutz der Vögel kommt immer an erster Stelle.

Für Überraschungen gut sind die Greifvögel in diesem Kapitel. Sie sind teilweise ausgesprochene Waldvögel, die durch ihr schnelles, plötzliches Auftauchen und Wiederverschwinden deine Reaktionszeit auf die Probe stellen. Um sie mitzubekommen, solltest du nicht nur auf Geduld und zunehmende Kenntnisse setzen. Besuche regelmäßig dein Puschen-Revier, dann begegnest du ihnen irgendwann.

FÜR DIE BRAUCHST DU GLÜCK

Zehn Arten stehen ganz hinten. Die wirst du in den ersten Jahren nach dem Einstieg in die Vogelbeobachtung vermutlich nicht sehen. Sie gehören zwar unbedingt in den Wald, aber sie sind so selten, dass man sie kaum zu Gesicht bekommt. Oder sie sind gar nicht selten, aber ihre Lebensweise ist extrem heimlich, wie bei den vier Eulenarten. Die Waldohreule trägt zwar den Wald im Namen, sie kommt aber auch auf Friedhöfen in der dichtesten Stadt vor und ist dort viel wahrscheinlicher zu sehen. Hier zeigt sich die Crux beim Beobachten im Wald; vor allem heimliche und seltene Arten sind dort extrem schwer zu erwischen. Die beiden Spechtarten in diesem Kapitel sind insgesamt gesehen sehr selten, weil sie dichte Wälder in den Bergen bevorzugen und dort auch nicht leicht zu sehen sind.

Alles in allem stellt die Reihe der 64 Arten, die in diesem Buch vorgestellt werden, nur eine Auswahl dar. Der Schwerpunkt liegt auf den Arten, die für Einsteiger eine lohnende Beschäftigung sind. Manche der Arten gehören zwar absolut zum Wald, sind aber außerhalb viel besser anzutreffen, zu sehen und zu bestimmen. Der Wald birgt besondere Schätze und Erlebnisse beim Beobachten und ich wünsche dir dabei viel Spaß!

VÖGEL IM WALD:

DIE
SIEHST DU
BESTIMMT

ROTKEHLCHEN

Erithacus rubecula

GRÖSSE: 12,5 – 14 cm **GEWICHT:** 10 – 20 g **BEI UNS:** das ganze Jahr
STIMME: Warnrufe „Tick-tick"; Gesang zart und hoch `001`

KNOPFAUGE Ein zarter, kleiner Vogel mit schöner orangeroter Brust und großen, tiefbraunen Augen: Nahezu jedem Menschen geht beim Anblick eines Rotkehlchens das Herz auf. Deswegen kann man es getrost den Pandabären des Vogelschutzes nennen. Wie das Logo-Maskottchen des WWF (World Wildlife Fund for Nature) bietet sich das Rotkehlchen zur Werbung direkt an. Das Bild des kleinen Vogels ist eine Ikone, rundlich aufgeplustert auf einem schneebedeckten Holzstapel – einfach niedlich! Wie kaum ein anderer Vogel symbolisiert das Rotkehlchen dabei zugleich Verletzlichkeit und Härte. Einerseits wirkt es so zart und andererseits trotzt es dem Winter.

TICK TICK TICK Das Rotkehlchen sieht man im Wald kaum. Verhalten und Aussehen garantieren ihm gute Eigenschaften der Camouflage, der Tarnung. Rotkehlchen leben im Dickicht und suchen den Boden nach Nahrung ab. Ihr Gefieder ähnelt dabei den Blättern, durchaus auch dem vertrockneten Laub. Im Wald ist das Rotkehlchen auch deutlich weniger zutraulich als im Garten. Verräterisch sind zu unserem Glück die Warnrufe, eine spitz klingende Reihe von „Tick-tick-tick". Es empfiehlt sich das Richtungshören (s. Einleitung). So kann man dem scheinbar unsichtbaren Vogel nachgehen, ihn mit Glück und Geduld entdecken. Wenn an der Hecke im Garten eine Katze läuft, kann man deren Weg mithilfe des „Tick-tick" von genervten Rotkehlchen „nachhören". Im Wald sind wir die Katze.

DER ERSTE WIRD DER LETZTE SEIN Wie (fast) kein anderer Vogel begleitet das Rotkehlchen den Waldspaziergänger durch das ganze Jahr. Das Rotkehlchen ist der Singvogel im

Wald, der gefühlt immer singt, egal ob im Januar, im Mai oder im November (s. Einleitung – Vogelstimmen). Gerne nutzt der kleine Sänger den Wald als Resonanzkörper und sitzt auf erhöhter Position, über sich ausgebreitet das weite Blätterdach. Nur im Hochsommer schweigt das Rotkehlchen. Wie fast alle Singvögel nutzt es die Wochen nach der Brutzeit für die Mauser, den Austausch der meisten Federn.

Rotkehlchen verteidigen auch im Winter ein Revier. In diesem Fall natürlich vor allem für die Nahrungssuche. Auch die weiblichen Rotkehlchen tun dies. Verwunderlich ist das eigentlich nicht. Natürlich müssen auch Vogelweibchen ihre Nahrung verteidigen. Nach der althergebrachten (und überholten) Tradition von uns Menschen ist für die Ernährung der Mann, also das Männchen zuständig. Diese Form der einseitigen Abhängigkeit kennen die meisten Vögel höchstens während der Brutzeit.

WO ZU BEOBACHTEN Im ganzen Wald, vor allem unter Laubbäumen unterwegs, schätzt das Rotkehlchen besonders dichten Unterwuchs, Büsche und Sträucher. Auch deswegen ist es in unseren Siedlungen weit verbreitet. Als gern gesehener Gast begleitet es den Menschen beim Graben und Harken, um abzustauben, was dabei zutage kommt. Dabei wird es sehr zutraulich – wohl mit ein Grund für seine Popularität.

MERKMALE Das Rotkehlchen ist klein und rundlich, dabei wirken seine Beine lang. Brust, Kehle und Stirn sind beim erwachsenen Vogel (links) rötlich gefärbt. Der Rest des Gefieders ist olivgrün. Jungvögel sind braun gepunktet (oben). Das Rotkehlchen läuft viel auf dem Boden, rennt kurz und bleibt dann plötzlich stehen. Oft reckt es sich dann aufrecht und knickst kurz.

Der Gesang ist eine zuerst etwas gequetschte Tonfolge, gefolgt meist von einem sehr hohen, schwirrenden Gesang, treffend mit dem altmodischen Wort „perlend" beschrieben.

ÄHNLICHE ART Es kommt vor, dass ungeübte Beobachter den **Gimpel** (S. 72) für ein Rotkehlchen halten. Andersherum noch schwerer vorstellbar, ist diese Verwechslung eine gute Gelegenheit auf die Gestalt der Vögel als wesentliches Bestimmungsmerkmal hinzuweisen (S. 18). Gimpel sind schwere Brocken mit dickem Schnabel im Vergleich zum zartgliedrigen Rotkehlchen.

BUNTSPECHT

Dendrocopos major

GRÖSSE: 23–26 cm **GEWICHT:** 70–100 g **BEI UNS:** das ganze Jahr
STIMME: ruft „Kick"; schimpft laut; kurzes und weit hörbares Trommeln

DER SPECHT AN SICH Werden Kinder und Erwachsene nach ihren Vogelkenntnissen gefragt, ist meist „der" Specht dabei. Fast alle Menschen kennen ihn und fast immer ist der Buntspecht gemeint. Und das nicht nur, weil er der häufigste Specht in Deutschland und Mitteleuropa ist. Er ist beinahe allgegenwärtig. Buntspechte sind sehr flexibel, sie leben auch in Dörfern und Städten – überall da, wo es genug Bäume gibt. Dazu kommt das auffällige Äußere. Buntspechte sind groß, kräftig schwarz-weiß gefärbt mit tiefroten Federn an Kopf und Schwanz. Sie sind laut und ungestüm. Keine Futterstelle ist vor ihnen sicher; alle anderen Vögel machen sofort Platz für die großen bunten Spechte.

ES HÄMMERT, ES HÄMMERT Haben Spechte Kopfschmerzen? Um Kopfschmerzen möglichst niedrig zu halten, fand die Natur eine einfache Lösung: Spechte haben relativ kleine Gehirne. Um das Gehirn herum befindet sich nur wenig Gehirnflüssigkeit. So wird es nicht zu sehr hin und her gestoßen, wenn der Specht in hohem Tempo und mit voller Kraft auf einen Baum einschlägt. Vorne und hinten ist der Schädel dickwandiger, um die Stöße zusätzlich abzufangen. Da sich Schnabel und Kopf tatsächlich schnell erhitzen, machen Spechte beim Klopfen immer wieder kurze Pausen. All das sind Anpassungen an eine extreme Art der Nahrungsbeschaffung: das Zerlegen von Holz, um an dessen versteckte Bewohner zu gelangen. Darüber hinaus hauen Spechte mit ihren Schnäbeln Höhlen in den Stamm, um darin zu brüten.

DER SOZIALSPECHT Spechte sind die Baumeister des Waldes. Der Buntspecht hat den sozialen Wohnungsbau in den Wald gebracht. Er ist fleißig und baut und baut und baut. Dabei entstehen mehr Höhlen, als eine

Specht-Familie brauchen kann. In die ziehen dann andere Tiere wie Vögel, Fledermäuse und Insekten ein, die selbst nicht bauen können, gewissermaßen als Hausbesetzer. Die häufigsten Nachfolger beim Buntspecht sind Kleiber und Star. Wirklich sozial ist der Buntspecht aber dennoch nicht. Meisen meiden seine Höhlen, weil sie den Specht als Nesträuber fürchten – leider zu Recht! An die Höhlen, die er selbst gebaut hat, erinnert er sich natürlich besonders gut. Ganz gezielt und mit seiner langen Zunge äußerst geschickt holt er sich dort die Jungvögel der Nachmieter heraus – die dunkle Seite des Sozialspechts.

WO ZU BEOBACHTEN Im ganzen Wald an Laub- und Nadelbäumen zu finden, lebt aber auch in Parks und Gärten, Obstwiesen, Friedhöfen.

MERKMALE Das Gefieder des Buntspechts ist überwiegend schwarz-weiß, unter dem Schwanz, an den Unterschwanzdecken ist er jedoch kräftig rot gefärbt. Erwachsene Männchen (links) besitzen einen roten Fleck am Hinterkopf, der den Weibchen fehlt (rechts). Junge Buntspechte (Mitte) haben eine rote Kopfplatte. An den Füßen sind zwei Zehen nach vorne und zwei nach hinten gerichtet. Spitze und starke Krallen ermöglichen einen festen Sitz am Stamm und akrobatische Klettertouren an Stämmen und Ästen, auch gelegentlich kopfunter. Der Stützschwanz mit ausgesprochen harten Federn gibt am Stamm genügend Halt. Buntspechte haben eine auffällige Flugweise: Weil sie nach kurzen, kräftigen Flügelschlägen immer eine kurze Pause machen, geht ihr Flug wellenförmig auf und ab und ist sehr ausdrucksstark. Alles, was der Specht macht, hat Wumms.

ÄHNLICHE ART Der deutlich kleinere und viel seltenere **Mittelspecht** (S. 114) ist ebenfalls schwarz-weiß mit etwas Rot unter dem Schwanz. Wie junge Buntspechte (Mitte) hat er eine rote Kopfplatte. Also aufgepasst: Ein vermeintlicher Mittelspecht kann auch ein junger Buntspecht sein. Zum Glück ist die Zeit für Verwechslungen begrenzt, denn die jungen Buntspechte tragen den roten Schopf höchstens bis zum nächsten Frühjahr.

RINGELTAUBE

Columba palumbus

GRÖSSE: 38–43 cm **GEWICHT:** 300–600 g **BEI UNS:** das ganze Jahr
STIMME: Gesang heiser und dumpf `003`

AUFFÄLLIGSTER VOGEL IM WALD Ringeltauben sind laut. Dieses Urteil ist zugegeben etwas vermenschlicht und subjektiv eingefärbt, aber viele Beobachter bestätigen das. Nicht der Gesang ist damit gemeint, sondern das vielfältige Lärmen vor allem mit den Flügeln. Im stillen Wald kann man Ringeltauben deswegen gut hören. Sie flattern viel und laut herum und heben unter unglaublichem Getöse ab. Im Flug pfeifen die Flügel regelrecht. Als Krachmacher werden sie nur vom Fasan übertrumpft. Die Ringeltaube ist im Wald aber auch anderswo allgegenwärtig. Sie kommt überall vor und ist sehr häufig. Sehr, sehr häufig. Knapp drei Millionen Brutpaare sind es in Deutschland und es sind in den letzten Jahrzehnten immer mehr geworden.

SCHLECHTE NESTER UND HÄSSLICHE JUNGE Ein Vogelbeobachter-Sprichwort sagt: Ein Ringeltaubennest erkennt man daran, dass man von unten die Eier sehen kann. Und tatsächlich sind die Nester dieses großen Vogels sehr schlecht, mit nur minimalem Aufwand und einfach miserabel gebaut. Es besteht nur aus wenigen Zweigen, die lieblos übereinandergelegt sind. Ganz junge Tauben sind erschreckend hässlich. Manche Gartenbesitzer rufen besorgt beim Vogelkundler ihres Vertrauens an und fragen, was für seltsame Lebewesen das wohl sein könnten. Eckige Was-auch-immer-für-Tiere mit zerzausten weißen Dunenfedern, etlichen nackten Stellen und klobigen Schnäbeln. Junge Tauben haben wirklich wenig Ähnlichkeit mit – ausgewachsenen Tauben.

GESELLIG, ABER UNBELIEBT Ringeltauben lieben die Gesellschaft von Ringeltauben. Sie schlafen oft in Gruppen und hinterlassen viel Kot unter ihren Schlafbäumen, ein oft sicheres Zeichen ihrer fortlaufenden Anwesenheit. Nach der Brutzeit versammeln sich in Mitteleuropa auch viele Wintergäste aus dem Norden mit „unseren" Ringeltauben zu Schwärmen von erstaunlicher Größe. Hunderte, Tausende Ringeltauben tummeln sich auf einem Feld, oft einem frisch abgeernteten Maisfeld. Bei vielen Landwirten sind sie überhaupt nicht beliebt, denn sie fressen mit Vorliebe Körner. Nicht nur deswegen, sondern auch immer noch zum Verzehr werden sie in sehr großer Zahl jedes Jahr geschossen. Die Jagdstrecke in Deutschland betrug noch vor einigen Jahren fast eine Million geschossene Ringeltauben, Tendenz allerdings deutlich abnehmend.

WO ZU BEOBACHTEN Hält sich im ganzen Wald auf, ist aber am leichtesten in den Wipfeln zusehen. Geht gerne nach Nahrung suchend auf Felder, im Herbst und im Winter besonders oft und gut zu sehen. Inzwischen auch in dichtester menschlicher Bebauung zu Hause und dort überhaupt nicht scheu.

MERKMALE Die Ringeltaube ist die größte Taube im Wald. Sie ist grau gefärbt mit einem kleinen bläulichen Kopf, hellen Augen und einem weißen Fleck an jeder Halsseite. Im Flug fallen die breiten weißen Querstreifen in den Flügeln auf, ein sehr wichtiges Bestimmungsmerkmal.
Der Gesang der Ringeltaube ist etwas monoton: „Gudrun, hör gut zu, Gudrun", immer wiederholt, meist fünfsilbig. In der Balz hat sie noch mehr auf Lager. Um auf sich aufmerksam zu machen, scheut der Mann der Ringeltaube keine Mühe: In großen Auf- und Ab-Bögen fliegt er über die offene Landschaft und den Wald. Dabei klatscht er immer wieder mit den Flügeln laut zusammen – fast schon akrobatisch oberhalb und unterhalb des Körpers. Flügelklatschen und Bogenflug sind Worte, die quasi für Ringeltauben erfunden wurden.

ÄHNLICHE ART Andere Tauben, im Wald zuallererst die **Hohltaube** (S. 70). Diese ist aber deutlich kleiner, hat dunkle Augen und wirkt dadurch niedlicher. Ihr fehlt auch das weiße Band im Flügel. Sie ruft zweisilbig „Uwe, Uwe, Uwe". **Stadttauben** sind kleiner, meist sehr viel bunter gefärbt und nicht im Wald anzutreffen.

ZILPZALP

Phylloscopus collybita

GRÖSSE: 10–12 cm **GEWICHT:** 10 g **BEI UNS:** März bis Oktober
STIMME: ruft weich „Hüit", singt schlicht und einfach seinen
Namen „Zilp zalp, zilp zalp ..." `004`

KLEINER GRAUER VOGEL Der Zilpzalp ist ein Laubsänger. So wird eine Gruppe von Vögeln genannt, die meist in der Nähe von Laubwald und Laubgehölzen vorkommen. Der Name Weidenlaubsänger, wie der Zilpzalp auch genannt wird, ist also ganz passend. Der Gesang ist neben dem des Kuckucks auch für einen Anfänger supereinfach zu lernen, denn nur ganz wenige Vögel machen einem die Freude, ihren Namen zu singen. Ihn zu sehen ist schon viel schwieriger. Aufgrund der graubraunen bis verwaschen grauen „Färbung" hat sich ein Vogel selten so sehr die Bezeichnung KGV (kleiner grauer Vogel) verdient.
Der Zilpzalp ist klein und extrem „huschig". Im dichten Geäst von Hecken und Gehölzen hüpft er herum und zeigt sich wirklich selten. Dazu ist er ein wenig hektisch. Hat man ihn mit Glück und Geduld entdeckt, ist er schon wieder weitergehuscht und im dichten Blätterwerk verschwunden.

WAS FLATTERT DA? Vor dem Busch am Waldrand steht plötzlich ein kleiner Vogel wie ein Kolibri in der Luft. Schwupp, ist er wieder weg und ebenso plötzlich wieder da! Der Zilpzalp ist, wie alle Laubsänger, ein Insektenfresser. Wie viele von ihnen nutzt auch er eine besondere Methode, um kleine Insekten aus der Luft zu fangen: er „rüttelt". Das heißt, er hält sich mit schnellen Flügelschlägen in der Luft und erbeutet die Insekten im Flug! Wenn man dieses Verhalten beobachtet, ist es zwar nicht immer ein Zilpzalp, aber oft. Er ist in den meisten Regionen Mitteleuropas unter den 20 häufigsten Vogelarten zu finden.

GETRENNTE ZWILLINGE Es klingt wie eine Familientragödie und sie ist Zehntausende Jahre alt. Man vermutet, dass der Zilpzalp mit dem sehr ähnlichen Fitis früher eine Art gebildet hat, „Zitis", „Filpfalp" oder wie sie auch geheißen haben mag. Dann kam die Eiszeit und trennte sie in zwei Gruppen auf. Nachdem das Eis wieder geschmolzen war, kamen sie zwar wieder zusammen, hatten sich aber gewissermaßen „auseinandergelebt". Gesang, Lebensraum und Zugverhalten waren jetzt so unterschiedlich, dass eine Wiedervermischung nicht mehr erfolgen konnte. Die beiden Arten bleiben bis heute getrennt. Es gibt ab und zu Mischsänger, Jungvögel einer sehr seltenen Verbindung von Fitis und Zilpzalp. Aber die bleiben ohne Nachkommen.

WO ZU BEOBACHTEN An Waldrändern, auf Lichtungen mit viel Unterholz, in Gärten, und Parks zu finden, im Wald da, wo er stark ausgedünnt ist. Mag geschlossene Baumkronen nicht. Braucht wenig Platz, oft reichen schon wenige, einzeln stehende Bäume mit etwas Gebüsch.

MERKMALE Es klingt wie ein Text von Loriot. Merkmale hat er keine, möchte man sagen: Die Oberseite ist gräulich braungrün, die Unterseite weißlich mit Gelb- und Beigeanteil. Nein, ein Papagei ist der Zilpzalp nicht. Er ist gefärbt wie viele der Blätter, zwischen denen er rastlos umhereilt, während er immer wieder mit dem Schwanz wippt. Die Beinfarbe ist dunkel. Aber diese Vögel halten einfach nicht still und und im Schatten des Waldes sind Farben schwer auszumachen. Deshalb sind Farbangaben hier oft schlechte Ratgeber. Ihre Beschreibungen (Gelbgrüngrau) sind zudem subjektiv und individuell. An seinem Gesang ist er viel einfacher zu erkennen. Also: Ohren auf!

ÄHNLICHE ARTEN Andere KGV, Laubsänger, Grasmücken, Rohrsänger. Aber am schwierigsten zu unterscheiden ist der **Fitis** (S. 90),

der zu Recht als Zwillingsart bezeichnet wird. Meist sind Fitisse deutlich mehr gelb gefärbt und haben einen starken Überaugenstreif. Der Schnabel kann blasser sein und die Beine des Fitis sind oft nicht so dunkel wie die vom Zilpzalp. Hier hilft letztendlich nur die Stimme. Der Gesang des Fitis ist nicht ganz leicht zu lernen, denn er singt leider nicht so praktisch seinen eigenen Namen.

KLEIBER

Sitta europaea

GRÖSSE: 12–14,5 cm **GEWICHT:** 20–25 g **BEI UNS:** das ganze Jahr
STIMME: Gesang trillernd, vielfältig pfeifend und sehr laut `005`

ZORRO So kann man den Kleiber zu Recht nennen, vor allem wegen seines Aussehens: Wie eine Maske zieht sich ein schwarzer Streifen vom dunklen Schnabel bis auf die Schultern. Dazu kommt sein ungestümes Temperament: Immer in Aktion, energiegeladen, sehr laut und emsig ist er im Wald unterwegs. Kleiber tummeln sich auch in Parks und mitten in den Städten. Sie besuchen sehr gerne Futterstellen. Hier fallen sie wegen ihrer robusten Frechheit auf, die meisten anderen Singvögel weichen ihnen respektvoll aus.

KOPF HOCH UND KOPFÜBER Es gibt im Wald nicht viele Vogelarten, die an den Baumstämmen herumklettern: natürlich die Spechte, dann die Baumläufer – und der Kleiber. Ihm gelingt dabei ein Kunststück, dass Baumläufer trotz ihres Namens nicht können: Der Kleiber klettert den Stamm kopfüber herunter. Auch wir Menschen tun uns beim Herabgehen oft schwerer als beim Aufsteigen. Offenbar fällt es auch den Vögeln im Wald schwer herunterzulaufen. Spaziert also ein relativ kleiner, kompakter Singvogel einen Baumstamm nahezu mühelos herunter, als wäre es eine einfache Straße, ist das immer ein Kleiber. Dank dieser Fähigkeit kann der Kleiber anders als die Baumläufer länger an einem Stamm nach Nahrung suchen, ohne den Baum zu wechseln (S. 64).

BAUT ES SICH, WIE ES IHM GEFÄLLT Der Kleiber ist ein Hausbesetzer. Er übernimmt Höhlen, die meist der Buntspecht gebaut hat. Aber auch Nistkästen, die für größere Vögel wie z. B. den Star gedacht sind, werden gekapert. Oder auch Naturhöhlen. Wenn dem quirligen Besetzer das Einschlupfloch zu groß ist, weiß er sich zu helfen. Er verkleinert es einfach – mit einer Art Matsch oder Lehm. Dabei kommt ihm eine ganz besondere Fähigkeit zu Hilfe: Mit etwas Geduld und Spucke kann er diesen speziellen Mörtel selbst herstellen. Der Name „Kleiber" kommt genau daher; er verweist auf ein altes Handwerk, das zum Mörteln mittelalterlicher Hausmauern ausgeübt wurde.

WO ZU BEOBACHTEN Im ganzen Wald, mitten zwischen hohen Bäumen zu finden, auch in Parks und Gärten, wenn der Baumbestand älter ist.

MERKMALE Der Kleiber ist ein kräftiger, gedrungener Vogel, der mit seinem großen Kopf fast halslos wirkt. Seine Oberseite ist blaugrau, vor allem die Männchen sind unterseits orange-beige, die Weibchen etwas heller. Große, kräftige Füße mit kurzen Beinen ermöglichen ihm etwas ruckartiges, aber sehr geschicktes Klettern. Der Schwanz ist kurz und verstärkt den Eindruck eines kleinen Kraftpakets, „quadratisch-praktisch". Der lange, spitze Schnabel ist blaugrau. Sein gesamtes Auftreten erinnert an einen Specht, deswegen wird er auch „Spechtmeise" genannt. Er klopft sogar, wenn auch leise, um an die Nahrung unter der Rinde zu gelangen, bzw. um ihr Vorhandensein zu „erhorchen". Er frisst Larven von Insekten oder Samen und Nüsse. Sein englischer Name „Nuthatch" verweist auf eine weitere Eigenart, die der Kleiber mit den Spechten gemeinsam hat. Er kann harte Nüsse öffnen, indem er sie festklemmt und aufhackt („hatch" ist eine verzerrte Form von „hack"). Für schlechte Zeiten sammelt und bunkert der Kleiber auch gerne Nüsse.
Charakteristisch ist ein schallendes Pfeifen, das vor allem in der Zeit vor der Belaubung zum Wald einfach dazugehört. Wenn man das laute Pfeifen des Kleibers nachmacht, antwortet er nicht selten erregt. Hin und wieder kommt der Kleiber angeflogen, um zu sehen, wer da so unverschämt pfeift. Aber: Kleiber

sind auffällig. Auf solche Tricks kannst du also verzichten.

ÄHNLICHE ART Wegen seiner Färbung wird der Kleiber gelegentlich mit dem **Eisvogel** verwechselt, der auch oben blaugrau und unten orange ist. Eisvögel sind allerdings noch viel bunter gefärbt. Man sieht sie fast nur an Gewässern und im Wald sehr selten.

BUCHFINK

Fringilla coelebs

GRÖSSE: ca. 14,5 cm **GEWICHT:** 20–40 g **BEI UNS:** das ganze Jahr
STIMME: typischer Finkenruf „Pink!"; Beschwingter Gesang „Ich, ich, ich beschwer mich bei der Regierung!" `006`

STANDARDFINK Finken sind eine sehr weit verbreitete Gruppe der Singvögel. Sie sind Körnerfresser mit starken Schnäbeln, die Früchte knacken oder Samen aufspalten können (Bucheckern, Getreide, Gräsersamen etc.). Bei uns gibt es Grünfink, Distelfink, Kernbeißer, Gimpel, Bluthänfling und noch etliche weitere. Aber der Buchfink ist derart häufig, dass er alle anderen Finken an Zahl deutlich übertrifft. Wie bei Finken üblich, ist sein Schnabel nicht schlank und spitz, sondern kegelförmig und dick. Der Schwanz ist relativ lang, länger als beim etwa gleich großen Haussperling, und finkentypisch deutlich eingekerbt.

NUMMER EINS IN DEUTSCHLAND Wie viele Vögel gibt es in Deutschland? Das weiß man nicht ganz genau, aktuelle Schätzungen gehen von 80 bis 100 Millionen Paaren aus. Es gibt also mit ca. 200 Millionen Exemplaren mehr Brutvögel in Deutschland als Menschen. Zwei Arten machen sich Rang eins streitig: die Amsel und der Buchfink. Beide Arten zählen allein jeweils ungefähr 18 Millionen Vögel. Buchfinken sind Generalisten. Sie kommen überall und mit vielen Situationen klar. Im Gegensatz dazu sind Spezialisten auf bestimmte Lebensumstände angewiesen und haben es in den Zeiten von Artenrückgang schwer. Obwohl in seinem Namen das Wort „Buche" vorkommt, hat der Buchfink auch die Nadelwälder erobert. In den Siedlungen ist er ebenfalls überall anzutreffen und in der freien Landschaft reichen buchstäblich ein Baum und etwas Gebüsch – fertig das ist Buchfink-Revier.

WALDLÄUFER Obwohl sich Buchfinken sehr viel in Bäumen oder Gebüschen aufhalten und damit unseren Blicken entzogen sind, haben sie eine wirklich dankbare Eigenart: sie gehen oft zu Fuß. Sehr aufrecht trippeln Buchfinken über den Waldboden und auch gerne dort, wo wir spazieren gehen. An Wegen und Waldrändern finden sich viele Sämereien, die ausgiebig gesucht und gepickt werden. Der charakteristische Gang, etwas ruckartig und dabei immer wieder schön den Kopf hoch – wer sich das einprägt, erkennt den Buchfink auch ohne Fernglas schon von Weitem.

WO ZU BEOBACHTEN Im ganzen Wald, fast egal ob unter Nadel- oder Laubbäumen, zu finden. Auch sehr häufig in Parks, Gärten und Friedhöfen.

MERKMALE Weibchen und Männchen sehen unterschiedlich aus. Wie so oft ist das Männchen (links) prächtiger und auffälliger. Der männliche Buchfink ist ein wunderschöner Vogel mit deutlich rostroter Brust und graublauem Kopf. Immer gut zu sehen sind die starken weißen Streifen auf den Flügeln, die beim Weibchen hellbeige sind. Wer nicht nur die eindrucksvollen Männchen im Blick hat, wird erkennen, dass auch das „unscheinbare"

Weibchen (oben) ein sehr hübscher Vogel ist. Der Gesang ist ein kräftiger Finkenschlag. So nennt man die lauten und weit zu hörenden Strophen der Finkenlieder, die weniger einem Gezwitscher gleichen als vielmehr einer schmetternde Kaskade. Die aufstrebende Strophe endet mit einem deutlichen, wie geschlagenem Crescendo, treffend beschrieben mit „Würzgebier". Er ruft namensgebend „Pink, pink", auch als „Fink" zu verstehen. Oft zu hören ist auch ein „Drüht" oder „Huit". So komisch das klingt, bei diesen Rufen haben Buchfinken regelrechte Dialekte ausgebildet. Nicht zu vergessen der sogenannte „Regenruf": Ein gedehntes „Trief", das aber auch ohne Regen ertönt, die Funktion ist nicht klar.

ÄHNLICHE ART Der **Grünfink** (S. 84) ist deutlich weniger bunt und hauptsächlich einfarbig grün. Es fehlen ihm auch weiße oder helle Bänder quer im Flügel. Dafür hat der Grünfink auffällig gelbe Streifen am Flügelrand und am Schwanz. Und er singt natürlich ganz anders. Der **Bergfink** ist dem Buchfink um einiges ähnlicher, hat aber einen ganz schwarzen Kopf und seine Brust ist auffällig orange gefärbt. Da er ein reiner Wintergast bei uns ist, kann man eine Verwechslung zeitlich oft ausschließen.

KOHLMEISE

Parus major

GRÖSSE: 13,5 – 15 cm **GEWICHT:** 16 – 21,5 g **BEI UNS:** das ganze Jahr
STIMME: ruft wie ein Fink „Pink"; Gesang laut und etwas quäkend
„Zi-zi-bäh, zi-zi-bäh"! Imitiert andere Vögel `007`

DIE MEISE AN SICH Die Kohlmeise heißt mit wissenschaftlichem Namen treffend „major" (=groß). Als größte einheimische Meise ist sie zugleich die bekannteste: Sie ist die Meise „an sich". Bei der „Stunde der Gartenvögel" des NABU taucht sie in 80 Prozent aller Gärten auf. Den sehr häufigen Gartenvogel kennt fast jeder, auch, wer nur ab und zu nach Vögeln sieht. Es macht Spaß, den geschickten und flinken Meisen beim Klettern und Turnen zuzusehen, wenn sie die Meisenknödel emsig bearbeiten. In der Meisen-Familie am Futterplatz dominiert die Große vor den Kleinen. Das Ranking: Kohl-, Blau-, Sumpf- und Tannenmeise.

DIE SCHLAUE MEISE In den 1930er-Jahren bemerkten britische Milchmänner und ihre Kunden genervt, dass die vor den Türen abgestellten Milchflaschen aufgepickt waren. Die Flaschen waren mit Stanniol, also Zinnfolie, verschlossen. Direkt unter dem Deckel setzte sich leckerer Rahm ab. Meisen (Kohl- und Blaumeise) hatten herausgefunden, wie gut das schmeckt, und eine Methode entwickelt, um an die leckere Speise zu gelangen. Sie pickten die Folie rundherum auf wie mit einem feinen Dosenöffner. Erstaunlich: Innerhalb von zehn Jahren hatten fast alle Meisen im Königreich den Trick raus und der Milchhandel musste andere Deckelformen

MERKMALE Kohlmeisen haben kohlschwarze Köpfe und Kehlen, dazu auffällig kontrastreiche weiße Wangen. Oberseits sind sie grünlich gefärbt. Die Körperunterseite sind kräftig gelb mit einem breiten schwarzen Mittelstrich, der bei den Weibchen (links unten) deutlich weniger ausgebildet oder sogar unterbrochen ist. Das Gefieder der Männchen (rechts unten) ist auch insgesamt kräftiger gefärbt.

Als ganz typischer Bote des nahen Frühlings ist der Gesang der Kohlmeisen schon sehr früh im Jahr zu hören (das Maximum ist im März). Er klingt wie ein Läuten auf zwei Tonlagen mit meist drei Einzeltönen. „Zi-zi-bäh, Zi-zi-bäh". Die Kohlmeise schimpft oder warnt hartnäckig und mutig, wenn Gefahr im Verzug ist, mit einem harten „Cherr-cherr-cherr".

entwickeln. Heute versucht man herauszufinden, wie die Meisen so schnell voneinander lernen können.

SOZIALE NETZWERKER Kohlmeisen lieben Nistkästen. Vogelkundler lieben Kohlmeisen. Sie lassen sich gut erforschen, weil sie schnell und leicht künstliche Höhlenangebote annehmen. Und sie sind sehr häufig, überall anzutreffen. In einem britischen Wald werden Kohlmeisen seit Jahrzehnten untersucht. Dabei wurde entdeckt, dass bestimmte neue Techniken zur Nahrungssuche über soziale Netzwerke weitergegeben werden – wie man am Beispiel mit den Milchflaschen schon ungefähr erahnen konnte. Dieses erstaunliche Phänomen erstreckt sich sogar von einer Generation zur anderen. Je besser vernetzt ein Vogel ist, desto schneller wird die Information weitergegeben. Besonders junge weibliche Kohlmeisen lernen zum Teil doppelt so schnell wie ältere männliche Verwandte oder Nachbarn.

WO ZU BEOBACHTEN Im ganzen Wald, in Laub- und Nadelbäumen, auch in Parks, Gärten, Obstwiesen, Friedhöfen zu finden. Sie klettern gern durch Büsche und Hecken, hüpfen aber auch immer wieder über den Boden. Auch in Neubaugebieten oder baumlosen Gegenden sind Kohlmeisen anzutreffen, wenn nur Nisthilfen vorhanden sind.

ÄHNLICHE ARTEN Die viel kleinere, aber sehr ähnliche **Tannenmeise** (S. 118) ist eher selten zu sehen und zu hören. Sie hat ebenfalls einen schwarzen Kopf mit weißen Seiten, dabei aber im Gegensatz zum großen Vetter einen auffällig hellen Nackenfleck. Tannenmeisen haben keinen gelben, sondern einen schlicht hellbraunen Körper.

Auch **Blaumeisen** (S. 40) haben viel Gelb im Gefieder, im Gegensatz zur viel größeren Kohlmeise aber einen blauen Kopf.

BLAUMEISE

Cyanistes caeruleus

GRÖSSE: 10,5–12 cm **GEWICHT:** 9,4–13,2 g **BEI UNS:** das ganze Jahr
STIMME: feine Reihe kurzer Töne mit einem leichten Triller am Schluss

FEDERLEICHTER AKROBAT Blaumeisen stochern und klopfen auf der Suche nach Insekten gerne in Rindenstücken herum. An den Futterstellen kannst du auch beobachten, wie sie geschickt Samen und Nüsse hämmernd bearbeiten. Zum Festhalten der Nahrung benutzen sie ihre Füße. Die Blaumeise nutzt aber auch ihren Gewichtsvorteil voll aus. Weil sie so leicht ist, kann sie an den äußersten Zweigspitzen nach kleinsten Insekten, oft Blattläusen, suchen. Der große Vetter Kohlmeise hätte mit der Zweigspitze keine Freude, er ist zu schwer. Beide Meisenarten sind außerhalb der Brutzeit auch oft gemeinsam unterwegs, daher ergibt die Verteilung am natürlichen Buffet durchaus Sinn. Für die kleinere Meise bedeutet das jedoch auch, sich mehr der Gefahr auszusetzen. Denn wer weit außen an den Ästen herumturnt, ist eine leichtere Beute für den Sperber (S. 108).

GROSSER BAUM, KLEINE MEISE Eichenwälder sind ideale Lebens- und Nahrungsräume für Blaumeisen, die nicht nur Zweigspitzen, sondern auch rissige Borke deutlich bevorzugen. Immer dort, wo im Wald Eichen stehen, ist die nächste Blaumeise nicht weit. Forscher haben herausgefunden, dass Blaumeisen besonders in Eichenwäldern guten Bruterfolg haben, weil sie dort genügend Nahrung für ihre Jungen finden. In Eichenwäldern legen Blaumeisen deswegen auch mehr Eier, bis zu zwölf in einer Brut. Das Aufziehen der Jungen ist sehr anstrengend für die kleinen Vögel und nur zehn Prozent der Paare wagen dies zweimal pro Jahr. Weil Meisen oft nur ein Stück

Nahrung gleichzeitig tragen, fliegen sie teilweise alle ein bis zwei Minuten die Höhle an – mehr als zwölf Stunden am Tag.

UNTREU Blaumeisen haben das Prädikat „süß". Genetische Untersuchungen haben allerdings schonungslos gezeigt, dass im Durchschnitt 20 Prozent der Männchen und 35 Prozent der Weibchen trotz „monogamer Saisonehe" (die Paarbindung hält wenigstens eine Brutzeit über) fremdgehen. Also doch nicht monogam oder zumindest nicht wirklich treu. Die Männchen passen auf ihre Weibchen auf wie der Luchs, denn der Aufwand, die Jungen gemeinsam großzuziehen, muss sich lohnen. Und das tut es – genetisch und evolutiv gesehen – nicht, wenn man Kinder aufpäppelt, die nicht die eigenen sind. Doch die feinen Blaumeisendamen finden immer wieder Wege zu entwischen und besuchen dann den Mann der Nachbarin.

WO ZU BEOBACHTEN Im ganzen Wald, in Laub- und Nadelbäumen, auch in Parks, Gärten, auf Obstwiesen und Friedhöfen zu finden. Die Blaumeise liebt Eichen.

MERKMALE Vor allem Flügel und Kopf sind blau gefärbt, der Bauch ist gelb. Der Kopf ist sehr klein, rund und blau-weiß mit einem feinen schwarzen Streifen durch die Augen. Die Blaumeise zieht den Kopf oft ein und wirkt dadurch wie ein flauschiger Ball. Ein sehr kleiner blauer Ball mit einem schönen gelben Bauch. Der Blaumeisen-Gesang ist sehr fein und leise. Die alten Vogelkundler benutzten zu recht das schöne Wort „silberhell" dafür. Auf eine Reihe sehr dünner, hoher Laute wie „Zih-zih-zih-zih" folgt ein feiner, aber deutlicher Triller. Wie Kohlmeisen schimpfen Blaumeisen gerne und ausführlich „Zerretetetet", beispielsweise, wenn sich ein Beutegreifer nähert. Dabei machen ihre Warnrufe aber stimmlich einen Bogen nach unten und wieder nach oben. Für diese Rufe gibt es die wunderbare Bezeichnung „Zeterstrophe".

ÄHNLICHE ART Auch **Kohlmeisen** (S. 38) haben eine gelbes Brust- und Bauchgefieder, aber schwarze Köpfe mit weißen Wangen. Dazu sind sie mindestens ein Drittel größer und deutlich kräftiger als Blaumeisen.

AMSEL

Turdus merula

GRÖSSE: 23,5–25 cm **GEWICHT:** 70–148 g **BEI UNS:** ganzjährig
STIMME: ruft „Pock", warnt „Ticks, ticks"; Gesang sehr melodisch `009`

„BLACKBIRD" – GESANG WIRD MUSIK

Der Gesang der Amsel hat zahlreiche Künstler inspiriert. Wer ihn studieren will, ohne die Wohnung zu verlassen, dem sei das Lied der „Fab Four", der Beatles, ans Herz gelegt: „Blackbird". Einen so schönen Popsong über die Amsel, das bekommen nur die Engländer fertig – eigentlich geht es, natürlich, um die Liebe. Der Song greift Amselmelodien auf und auch Originalgesang wird eingespielt. Im „Rosenkavalier" von Richard Strauss wird die Amsel zitiert – dankbarerweise gleich zu Anfang –, das ist in der Musikgeschichte noch etwas länger her. Der fast vergessene Komponist Heinz Tiessen ging noch weiter, er komponierte viele Stücke über die Amsel und stellte klar, dass sie „der musikalisch höchststehende Singvogel Mitteleuropas" ist. Dem Englischen ähnlich ist der im Deutschen seltener genutzte Name „Schwarzdrossel". Jeder Vogelkundler muss immer wieder bekräftigen, dass es sich dabei um dieselbe Art handelt.

JEDERMANNS VOGEL Die Amsel kennt jeder. Oder zumindest fast. Tatsächlich ist die Art so allgegenwärtig, dass sie eigentlich nicht unbedingt vorgestellt werden muss. Erforscht werden Amseln vor allem in den Städten, wo sie früh zu singen anfangen oder wegen des Lärms lauter singen. Sie wählen äußerst merkwürdige Brutplätze, zum Beispiel den Weihnachtsbaum auf dem Balkon. Im Wald ist die Amsel eher eine Unbekannte, denn Waldamseln sind scheuer als Stadtamseln. Ihr Gesang bildet aber auch hier ganz früh am Morgen einen regelrechten Klangteppich, der schnell wieder abklingt. Typisch für die Amsel

ist die Wahl von hohen Singwarten, die über Generationen von den Männchen genutzt werden, um Weibchen anzulocken oder das Revier zu verteidigen.

WALDFLÜCHTLING Das ist ein wenig wie der Streit um Kaisers Bart, aber oft liest und hört man, die Amsel sei vom Wald in die Stadt gezogen. Das ist eine Frage des Standpunktes. Vom Wald – und den Amseln – aus gesehen ist doch eher der Mensch in den Wald eingezogen. Und viele Städte haben sich erst mit der Zeit zu Ersatzwäldern entwickelt, nachdem die Bäume Zeit und Platz hatten, groß zu werden.

WO ZU BEOBACHTEN Im ganzen Wald, gerne mit viel Unterwuchs, oder am Waldrand, in Büschen und Sträuchern zu finden. In unseren Siedlungen sehr weit verbreitet und dort häufiger als im Wald.

MERKMALE Ihr Gesang ist schön melodisch flötend, weit zu hören und wird von Baumspitzen oder Hausgiebeln aus vorgetragen. Er ist häufig zu hören, verliert dabei aber nie seinen Zauber. Ein absolut einfaches und preiswertes akustisches Vergnügen. Aber zeitlich begrenzt. Amseln singen tatsächlich fast immer eine halbe Stunde vor Sonnenaufgang bis eine halbe Stunde danach. Wer das nicht glaubt, muss es einfach ausprobieren. Im Mai heißt das aber: um drei Uhr aufstehen! Das Männchen (oben) ist schwarz, das Weibchen (links) braun. Junge Amseln sind ebenfalls braun mit vielen Flecken. In der Brutzeit bekommt das Männchen einen leuchtend gelben Schnabel. Wer genau hinsieht, bemerkt einen gelben Ring um das dunkle Auge. Wenn man des Weges kommt, fliegt eine Amsel oft nur kurz auf und landet ein kleines Stück weiter mit deutlich aufgestelltem Schwanz, wie um zu sagen, „das kannst du ni-hicht"!

ÄHNLICHE ART Der **Star** (S. 58) wirkt einfarbig fast schwarz, aber nur, wenn man nicht genau hinsieht, denn sein Gefieder ist bunt schillernd. Stare laufen über den Boden und sind gerne in Gruppen unterwegs. Amseln hüpfen viel und sind deutlich weniger gesellig. Beim Gesang kann die Amsel mit Sing- bzw. Misteldrossel verwechselt werden. Im Gegensatz zur Amsel wiederholt die **Singdrossel** (S. 74) alle Strophenteile auffällig und singt nur jeweils drei, vier Töne mehrfach ohne Melodie. Die seltenere **Misteldrossel** (S. 75) heraus zu hören, dazu braucht es Übung, aber es ist möglich.

ZAUNKÖNIG

Troglodytes troglodytes

GRÖSSE: ca. 9,5 cm **GEWICHT:** 7 – 12 g **BEI UNS:** das ganze Jahr
STIMME: Gesang ein unfassbar lautes Geschepper und Geklingel `010`

SOUNDKÖNIG Wenn der Zaunkönig nicht so unglaublich laut wäre, würde man ihn viel weniger bemerken. Man könnte meinen, er brüllt so laut, um uns und andere darüber hinwegzutäuschen, dass er so ein winzig kleiner Kerl ist. Ähnlich wie das Rotkehlchen ist der „Winterkoning" – so wird er im Niederländischen treffend genannt – ein wirklich treuer Sänger und im Winter viel zu hören. Seine auffälligen kugelförmigen Nester sind wahre Kunstwerke aus kleinen Zweigen, Halmen und Moos, mit Dach und rundem Einflugloch. Er baut sie auch in der Nähe unserer Häuser, zum Beispiel zwischen dem Gerümpel in der Garage, im Stapel Brennholz oder neben der Wandlaterne. Dann sehen die Nester aus wie kleine, alte Fußbälle, die in eine enge Stelle gequetscht wurden.

CASANOVA IM TIEFPARTERRE Der Zaunkönig fliegt, huscht, wuselt durch dichtes Gebüsch, gerne in Kniehöhe. Sogar im Gras verschwindet er und es sieht aus, als ob er sich wie durch Gänge laufend fortbewegt. Dabei erkennt man meist nur einen rötlich braunen Federball, der sich flink wie eine Maus bewegt.

Zaunkönig-Männchen neigen zur „Polygynie". So nennt es der Fachmann, wenn er nicht deutlich werden will. Ein Zaunkönig-Männchen hat sexuelle Kontakte zu mehreren Weibchen – das ist der Klartext. Dabei flitzt er von Partnerin zu Partnerin, um seine Ansprüche geltend zu machen und auch zu verteidigen. Da bleibt natürlich wenig Zeit, sich um den zahlreichen Nachwuchs zu kümmern. Untersuchungen haben gezeigt,

dass letztendlich die Weibchen die Haupt-arbeit damit haben.

MINI-RAMBO Wehe dem, der dem Zaun-könig zu nahe kommt. Wie kaum eine andere Singvogelart ist der Zaunkönig aggressiv wie ein angestochener Stier. Der Vergleich hinkt natürlich, wenn man bedenkt, wie klitzeklein der Vogel ist. Tatsächlich greifen Zaunkönige in der Brutzeit sogar Lautsprecher an, die zur Wiedergabe von Zaunkönig-Gesängen genutzt werden. In wirklich blinder Wut hackt der kleine Vogel auf den aufgestellten Laut-sprecher ein. Ein echter Konkurrent hätte sicher nichts zu lachen. Aber: Bitte nicht nach-machen! Diese Methode, eine Art nachzuwei-sen (S. 17), ist nur Fachleuten vorbehalten und bedarf einer behördlichen Genehmigung. Ein künstlich vorgespielter Konkurrent ist eine ver-meidbare Störung im Brutgeschäft und sorgt für unnötigen Stress.

WO ZU BEOBACHTEN Im ganzen Wald zu finden. Liebt aber besonders die Nähe zu Ge-wässern und fühlt sich wohl in Büschen, Di-ckichten, Holzstapeln, Ast- und Reisighaufen sowie Hecken. In Gärten, Parks und Friedhö-fen häufig. Liebt es schmuddelig und unauf-geräumt. Die Vorliebe der Menschen, Gärten,

Parks und sogar auch den Wald immer wieder aufzuräumen, von Asthaufen und Baumresten zu „befreien", hat schon manchem Zaun-könig Nest und Nachwuchs gekostet.

MERKMALE Der Zaunkönig ist unscheinbar braun mit einem etwas helleren Überaugen-streif und doch unverwechselbar. Bei Auf-regung und beim Gesang stellt der winzige Vogel den Schwanz steil empor, als wollte er sich damit größer machen. Beim Singen ist letztendlich der ganze Vogelkörper beteiligt, der kleine Vogel zuckt und vibriert regelrecht vor Begeisterung über seinen eigenen Gesang. Dieser besteht aus einer lauten, relativ kurzen Folge sehr unterschiedlicher, dicht gedrängt aneinander gereihter Töne, Triller und Pfiffe. Seine Warnrufe sind mit schnarrendem „Zerr" und lautem „Zeck" gut beschrieben. Und der Zaunkönig warnt viel.

ÄHNLICHE ART Der Zaunkönig ähnelt im Aussehen ein wenig der **Heckenbraunelle** (S. 64) denn auch sie ist braun und unschein-bar. Allerdings ist sie deutlich größer und ihr Verhalten ist anders. Die Heckenbraunelle stellt nie den Schwanz hoch und ist viel zurückhaltender als der Zampano im Zweig-haufen.

DER WALD UND SEINE BÄUME

Die häufigsten Baumarten in heimischen Wäldern

EICHE ODER BUCHE? Es scheint klar: „Der" deutsche Baum ist die Eiche. Dabei ist eine andere Art ganz vorn: die Buche. Genauer: die Rotbuche. Viele Menschen verwechseln sie mit der gezüchteten, rotblättrigen Blutbuche. Die Rotbuche hat ihren Namen vom rötlichen Holz und besitzt grüne Blätter. Heute dominiert sie Mitteuropa und lässt nur feuchte, hoch gelegene und küstennahe Regionen aus. Nach der letzten Eiszeit, vor 8.000 Jahren, begann ihr Siegeszug über die „Balkanroute". Der heute so häufige Baum erreichte erst vor 2.000 Jahren die Niederlande und noch später England.

BÄUME ÜBER BÄUME Es gibt auch hierzulande viele verschiedene Baumarten. Aber sehr viele begegnen dir nicht in den mitteleuropäischen Forsten, sondern überall dazwischen, in Gärten und Siedlungen. Seit Jahrhunderten importiert und pflanzt der Mensch, was das Zeug hält. Du kannst immer wieder einen Exoten vor dir haben, vor allem natürlich in Parks und auf Friedhöfen. Ein Beispiel ist die Robinie, eine Nordamerikanerin mit festem Holz und schnellem Wuchs. Sie wächst überall, ab und zu natürlich auch im Wald, und kann zum Problem für heimische Arten werden, die mit ihr nicht klarkommen.

KEINE SORGE Was wächst heute mehrheitlich im Wald? Du brauchst dich nicht mit vielen Arten aufhalten, denn 82 Prozent der Bäume in Deutschland verteilen sich auf nur fünf Nadelholz- und zwei Laubbaumarten. Wobei die Nadelbäume mit ca. 55 Prozent den Großteil der Wälder ausmachen – noch.

WELCHER BAUM IST DAS? Meistens bestimme ich Bäume über die Blätter, was bei den Laubbäumen im Winterhalbjahr schwer ist und bei Nadelbäumen auch nicht immer leicht. Die Rinde oder Borke ist ebenfalls ein wichtiges Merkmal, dazu die Wuchsform und die Früchte. Mein Tipp: Befasse dich erst mal mit wenigen häufigen Arten und widme dich den seltenen und den Exoten später. Auch zahlreiche einzelne Arten, zum Beispiel bei der Eiche, kannst du für den Anfang getrost ignorieren. Es reicht, wenn du erkennst, dass es eine Eiche ist.

DIE 14 WICHTIGSTEN BÄUME

Nadelbäume

GEMEINE FICHTE
— *Picea abies*

Kann groß, dick und alt werden (40 m). Steht bei uns in engen Schonungen mit aktuell großflächigen Verlusten. Immergrüne Nadeln, die rings um die Zweigachse stehen. Große, herabhängende Zapfen.

WEISS-TANNE
— *Abies alba*

Sehr großer Baum (50 m). Kommt natürlicherweise in den Alpen vor. Immergrüne Nadeln, die etwas flach sind und in zwei Zeilen um die Zweigachsen stehen, Unterseite heller als Oberseite. Hochstehende Zapfen. Wo wir umgangssprachlich „Tanne" sagen, ist es oft tatsächlich doch eine Fichte.

EUROPÄISCHE LÄRCHE
— *Larix decidua*

Kann hoch werden (40 m). Sommergrün, wirft ihre Nadeln im Herbst ab. Kurze, in dichten Büscheln angeordnete Nadeln. Kleine, runde Zapfen. Oft stark verzweigte, zerbrochene Kronen, die Greifvögel für Horste schätzen. Stamm braun, erst glatt, später in Streifen zerreißend.

WALDKIEFER
— *Pinus sylvestris*

Hoher Baum (35 m), dessen Krone etwas wirr aussieht. Lange Nadeln, die immer zu zweit in dicken Büscheln stehen oder hängen. Rötliche Borke, die sich in Schuppen ablöst. Rundliche, kräftige Zapfen.

ROT-BUCHE
— *Fagus sylvatica*

Hohe Stämme (bis zu 40 m), glatte graue Rinde. Rundliche, eiförmige Blätter, deutlich von Blattnerven durchzogen. Dreickige, kleine, braune Früchte (Bucheckern), die anfangs in stacheligen Hüllen stecken. Stehen dicht zusammen, andere erhalten nur noch wenig Licht und haben dann kaum Chancen hochzukommen. So entstehen Buchen-Hallenwälder mit wenig Unterwuchs. Der Förster sagt: „Die Buche macht dicht!"

EICHE
— *Quercus spec.*

Hohe, sehr kräftige Bäume (40 m) mit stark rissiger Rinde. Tief eingekerbte Blätter mit mehreren deutlichen Lappen. Verdrehte, knorrige Äste, die viel Totholz bilden. Ovale Früchte (Eicheln). Es gibt bei uns meist drei Arten: Traubeneiche, Roteiche und Stieleiche. Die letzte ist die häufigste.

GEMEINE ESCHE
— *Fraxinus excelsior*

Bis zu 35 m hoch. Stamm zunächst mit glatter Rinde, die im Alter mehr und mehr aufreißt. Gefiederte Blätter meist mit neun bis 15 Blättchen. Charakteristische schwarze Knospen der jungen Triebe – das hat nur die Esche. Geflügelte, in Büscheln stehende Früchte.

HAINBUCHE
— *Carpinus betulus*

Richtiger Baum (25 m), den viele Menschen als Hecke kennen. Graue Rinde ähnlich wie bei der Rotbuche, aber wellig und nicht glatt. Stamm erinnert an Muskelstränge der Oberschenkel von Athleten oder Fußballern. Rundliche, eiförmige Blätter, aber am Rand deutlich gezähnt und mit noch deutlicheren Blattnerven als die der Rotbuche. Kleine, geflügelte Frucht.

HÄNGE-BIRKE
— *Betula pendula*

Pionierart, taucht überall da auf, wo es, warum auch immer, keinen Wald (mehr) gibt. Wird dann von anderen Arten verdrängt. Maximal 25 m hoch. Weiß-schwarze, sehr grob rissige Rinde. Kleine, fast dreieckige Blätter mit deutlicher Spitze. Auffällige Kätzchen (Fruchtstände) und kleine, geflügelte Früchte.

SCHWARZ-ERLE
— *Alnus glutinosa*

Mittelhoher Baum (20 m). Steht gern am Wasser. Runde Blätter und dunkle, rissige Rinde. Weibliche Kätzchen wie kleine schwarze Bällchen. Breitet sich an Gewässern stark aus, wenn nach Überschwemmungen Schlammflächen auftreten. Zapfenförmige Früchte.

VOGEL-KIRSCHE
— *Prunus avium*

Großer, breiter Baum (30 m) mit auffälliger, quer gerillter Rinde. Blüht wunderschön weiß, bevor das Laub austreibt und zeigt von Weitem, wie viele Kirschbäume im Wald stehen – nämlich nicht wenige. Blätter doppelt so lang wie breit, Ränder fein gesägt.

SOMMER- UND WINTER-LINDE
— *Tilia platyphyllos und Tilia cordata*

Hoher Baum (30 m), der sehr viel an Straßen oder Plätzen gepflanzt wird. Rinde erst glatt, dann zerreißend. Blätter herzförmig und fein gesägt. Früchte an langem Stiel mit Flügel.

PAPPEL
— *Populus spec.*

Riesiger Baum (bis 45 m) mit dickem Stamm. Meist in Reihen oder Gruppen nach dem Zweiten Weltkrieg gepflanzt, oft an Bächen. Rinde erst glatt, dann stark gefurcht. Blätter relativ klein und herzförmig. Winzige, behaarte und flugfähige Früchte.

AHORN
— *Acer spec.*

Drei- bis fünflappige Blätter, je nach Art unterschiedlich stark eingekerbt und zugespitzt. Zunächst glatte Rinde, dann netzartig zerrissen. Auffällige Doppel-Früchte mit Flügeln. Mindestens drei Arten: Spitz-, Feld- und Bergahorn. Können bis 30 m hoch werden.

GRÜNSPECHT

Picus viridis

GRÖSSE: ca. 30–36 cm **GEWICHT:** ca. 200 g **BEI UNS:** das ganze Jahr
STIMME: laut schallendes Gelächter „Glück, Glück, Glück"; in Reihe
kurze, laute Rufe, wie „Krük-krük-krük", meist im Flug `011`

STOCHER, STOCHER Ein besonderes Merkmal des Grünspechtes sieht man meistens nicht: die klebrige, lange Zunge. Er frisst damit vor allem Ameisen und deren Larven. Um an diese Leckerbissen zu gelangen, löchert er den Boden im weichen Gras mit hektischen Bewegungen des Schnabels, oft lange Zeit und ohne Pause. Man bezeichnet ihn deswegen auch als Erdspecht. Oder besser: Grund- und Bodenspecht. Weil er so fixiert ist auf Ameisen, kann man ihn auch auf Wegen, Terrassen und Plätzen leicht beobachten, wenn sich unter Platten oder Steinen Ameisen angesiedelt haben. Wie seine Hauptbeute liebt der Grünspecht folgerichtig sonnige Orte. Vermutlich profitiert der Ameisenfresser von den mehr oder weniger milden Wintern, denn sein Bestand hat stark zugenommen. An Bäumen klettert er deutlich weniger herum und trommelt nur wenig und leise.

VARIANTE MIT PUNKTEN Junge Grünspechte (unten) im ersten Jahr sind komplett gepunktet und dunkel gestrichelt. Manche Beobachter halten sie für eine andere Art, so stark weichen die „kleinen" Grünspechte in ihrer Gefiederfärbung von den Altvögeln ab. Im Laufe der zweiten Jahreshälfte beginnt die Mauser der jungen Spechte und sie bekommen neue Federn. Schon im nächsten Jahr sehen die Jungen dann wie die Alten aus.

GRÜN VS. GRAU Der Grünspecht wird häufig mit dem Grauspecht verwechselt. Bei der Verbreitung der beiden Spechtarten in Mitteleuropa ergibt sich ein spannendes Bild: Fast genau durch die Mitte Deutschlands geht eine Grenze: Nördlich davon gibt es keine Grauspechte oder fast keine. Beobachter, die oberhalb dieser gedachten Linie wohnen, die von Düsseldorf über Hannover bis Leipzig reicht, werden auf ihrer „Gartenliste" fast sicher Grünspechte haben, Grauspechte hingegen fast sicher nicht. Das hängt vor allem mit der Vorliebe des Grauspechts für dichtere Wälder zusammen, die es vor allem in höheren Lagen gibt.

WO ZU BEOBACHTEN Ist weniger ein Waldvogel als vielmehr ein Vertreter der offenen Kulturlandschaft. Liebt Waldränder mit Gebüschen. Bevorzugt Wiesen, vor allem Streuobstwiesen, ganz besonders, wenn das Gras niedrig gehalten wird. Parkanlagen, Friedhöfe und Dorfränder mit großen Gärten sind gute Lebensräume für den Grünspecht. Mitten im Wald nur da zu finden, wo es Freiflächen gibt (Kahlschläge, Waldwiesen etc.).
Vielfach in der Nähe von Gewässern anzutreffen. Vorliebe für Weichholz, wie z.B. Weiden, die nah am Wasser häufig sind und im Alter viele faule Stellen haben, die der wenig versierte Zimmermann leichter ausbauen kann.

MERKMALE Gartenbesitzer sind immer wieder völlig erstaunt über den unfassbar grünen und großen Vogel auf dem Rasen. In verschiedenen Schattierungen ist der Vogel wirklich

ordentlich grün, der Bürzelfleck strahlt fast schon gelb. Dazu kommt eine geradezu fantastische Gesichtsmaske, schwarz ums Auge und leuchtend rot der Kopf, vor allem bei den Männchen (rechts unten). Bei ihnen sitzen rote Federn im schwarzen Bartstreif unterhalb der Augen, bei den Weibchen (links oben) ist er völlig schwarz. Wie bei den.meisten Spechten üblich, sind die Flügelfedern auffällig gestreift (man sagt auch: getropft), aber im schönsten Grün. Die Grünspecht-Männchen gelten als die buntesten Spechte bei uns.
Das laut schallende „Lachen" ist nicht nur unüberhörbar, der Grünspecht ist erfreulich redselig. Möglicherweise ist er der lauteste und ruffreudigste aller Spechtarten in Mitteleuropa. Das ganze Jahr über kann man ihn hören, nur im Mai ist er verdächtig still. Da hat er wie die meisten Vogelarten mit der Brut genug anderes zu tun.

ÄHNLICHE ART Der Grauspecht (S. 113) ist grauer und deutlich weniger rot, sein Weibchen überhaupt nicht. Dazu ist der Grünspecht um fast ein Drittel größer und kräftiger.

EICHELHÄHER

Garrulus glandarius

GRÖSSE: 32 – 35 cm **GEWICHT:** 140 bis 210 g **BEI UNS:** das ganze Jahr
STIMME: imitiert andere Vögel, Ruf laut lärmend „Rätsch, rätsch" `012`

CLOWN UND IMITATOR Der Eichelhäher ist der farbenfroheste einheimische Rabenvogel. Eichelhäher sind gewissermaßen die Wachhunde des Waldes. Jeder Mensch, der sich nähert, wird mit lauten Rufen empfangen. Das Häher-Rätschen soll schon manchem Jäger das Wild vertrieben haben. Wenn du im Wald Vogelstimmen hörst, die du nicht einordnen kannst, kann das auch ein Eichelhäher sein. Der Gesang des Eichelhähers selbst ist unscheinbar, aber er kann sehr abwechslungsreich imitieren. Von Mäusebussard bis Kranich ahmt er viele Vögel nach. Für einen Vogelbeobachter ein Klassiker: Im Wald ertönt ausgiebig der Mäusebussard-Ruf, das „Miauen". Allerdings bewegt sich der Ruf nicht vom Fleck. Bussarde rufen aber oft im Flug, wenn sie über dem Wald kreisen, der Ruf fliegt mit. Der Zweifel wird bestätigt, wenn du den Eichelhäher entdeckst, der friedlich im Baum sitzt und miaut. Man vermutet, dass ein Gesang, der reich an Imitationen ist, den Sänger (noch) attraktiver macht.

AUFFÄLLIG UNAUFFÄLLIG In der Brutzeit, von April bis Juni, wird es still um den Eichelhäher. Während viele andere Singvögel im Wald nun ihren Gesang entfalten, hält sich der „Polizist" des Waldes zurück. Wenn du ihn beim Waldspaziergang überhaupt entdeckst, wird dir auffallen, wie unauffällig er sich im Gebüsch oder den Ästen zu schaffen macht. Kein Protestieren, kein lautes Rätschen mehr. Der Eichelhäher beschützt seine Brut, indem er sich heimlich verhält. Das passt so wenig zu seinem sonst so lärmenden Auftreten, dass du fast denken kannst: Irgendwas stimmt hier nicht.

FÖRSTER UND NATURWALDFAN Rabenvögel sind leidenschaftliche Sammler von Eicheln, Bucheckern und allem, was schmeckt. Eifersüchtig wie jeder echte Sammler versucht der Eichelhäher seinen Schatz zu bewahren, indem er ihn versteckt. Überall in seinem Revier sucht er „geheime" Stellen auf und stopft die Beute in die Erde. Man hat herausgefunden, dass Eichelhäher meist sehr zielsicher ihre Verstecke auch nach langer Zeit wiederfinden. Aber keineswegs immer, deshalb sind Eichelhäher als natürliche Förster bei ihren menschlichen Kollegen sehr beliebt. Die vergessenen Eicheln machen genau, was sie sollen: Sie keimen. So pflanzt der Eichelhäher seinen Nachfahren (und uns) den Wald nach. Deswegen wird vielerorts auf die Jagd auf Eichelhäher verzichtet (für die es auch nie einen vernünftigen Grund gab).

WO ZU BEOBACHTEN Im Wald, aber auch in Gärten und Parks anzutreffen. Kein wirklich guter Flieger und deshalb viel zu Fuß unterwegs. In alten Büchern steht, er fliege so schlecht, „dass man oft seinen Absturz zu befürchten glaubt". Bewegt sich geschickt über die Äste von Baum zu Baum, wenn er nicht auf dem Boden nach Nahrung sucht. Daher meist trotz der Größe und dem relativ bunten Gefieder schlecht zu sehen. Kann außerhalb der Brutzeit nie lange den Schnabel halten und verrät sich dadurch oft. Im Herbst kommt es zu Einflügen östlicher Eichelhäher und allerorts fliegen plötzlich viele Eichelhäher von Hecke zu Hecke, von Wald zu Wald.

MERKMALE Taubengroß, sein Gefieder ist insgesamt rötlich-braun. Auffällig und einzigartig sind die strahlend blau-schwarzen Federn und das weiße Feld auf seinen Flügeln. Der Bürzelfleck ist hell weiß und fällt besonders im Flug auf, auch weil der Schwanz schwarz ist.

ÄHNLICHE ART Der **Tannenhäher** (S. 124) ist deutlich seltener, sein Brutgebiet ist an die Gebirge gebunden. Sein Gefieder ist braun-weiß gescheckt, der Schnabel lang und schwarz. Bei flüchtigem Blick kannst du den Eichelhäher mit der Ringeltaube verwechseln. Diese hat allerdings einen viel kleineren, fast unverhältnismäßig kleinen Kopf. Unverwechselbar ist der deutliche weiße Bürzelfleck des Eichelhähers.

KRÄHEN

Corvus corone und *Corvus cornix*

GRÖSSE: 44–51 cm **GEWICHT:** 430 bis 650 g **BEI UNS:** das ganze Jahr
STIMME: ruft laut und klar „Krah, krah" `013`

SCHWARZ ODER NEBELGRAU Raben- und Nebelkrähe sind zwei sehr eng verwandte Arten. Die Rabenkrähe ist allgegenwärtig, sehr häufig und völlig schwarz. Ihr Zwilling, die Nebelkrähe, hat hingegen einen grauen Körper, der Rest ist auch schwarz. Europa ist von oben nach unten zweigeteilt, mittendurch zieht sich eine Linie von Dänemark über die alte innerdeutsche Grenze bis hinter die Alpen. Die Krähen östlich davon sind grau und schwarz, alle westlichen sind völlig schwarz. An dieser Grenze gibt es eine breite Überlappungszone. Wie es scheint, sind die Krähen auch für die Wiedervereinigung. Dort, vor allem entlang der Elbe und in Schleswig-Holstein, gibt es enorm viele Mischlinge aus Raben- und Nebelkrähe, was die eindeutige Zuordnung dort erschwert. Einst durch die Eiszeiten getrennt, nähern sich die beiden Krähenarten nun wieder an. Die Vermischungszone bleibt allerdings stabil, sodass wir heute von zwei Krähenarten ausgehen.

BÖSEWICHT ODER SÜNDENBOCK? Rabenvögel haben ein schlechtes Image und die Krähen bekommen fast den ganzen Shitstorm ab. Noch aus uralten Zeiten her rührt die Angst vor den Krähen als Boten der Pest und des Todes. Doch das sind reine Vorurteile. In Deutschland wird der „Schwarzrock" massiv geschossen; allein in NRW beträgt die Jagd-strecke Jahr für Jahr über 100.000 Vögel. Den Krähen wird nachgesagt, große Schäden in der Landwirtschaft und beim Niederwild an-zurichten. Sie sind Allesfresser, sehr geschickt und treiben sich in großen Gruppen herum – fast möchte man schreiben: „marodierend". Sicher, sie fressen auch geschützte Tiere, zerstören Silage-Ballen, ziehen junge Ge-treidepflanzen und andere Feldfrüchte groß-flächig aus der Erde und, und, und ... aber für Biodiversität und Artenvielfalt stellen sie keine Bedrohung dar. Hier scheint es um das alt-bekannte Schwarzer-Peter-Spiel zu gehen, wir weisen den Vögeln die Verantwortung zu, die wir allein tragen. Also doch: Sündenbock.

AASGEIER Der alte Name „Aaskrähe" passt gut. Sie sind die Geier des Nordens (nur in den Alpen gibt es wenige „richtige" Geier) und haben eine ähnliche Funktion als Gesundheits-polizei. Jeder Autofahrer hat schon einmal gesehen, wie die dunklen Vögel dem heran-rasenden Auto geschickt ausweichen, vom Verkehrsopfer auffliegen oder weghüpfen. Sie verputzen nicht nur diese blutigen Überreste unserer Fortbewegung auf der Straße, son-dern reinigen auch die gesamte Landschaft, entsorgen Aas und totes Getier gründlich.

WO ZU BEOBACHTEN Liebt die freie Land-schaft, brütet aber im Wald. Begnügt sich auch mit einer Gruppe Bäume oder Ähn-lichem. Verteidigt ihre Brut sehr hartnäckig; eine gute Möglichkeit, nicht nur die Krähen zu beobachten, sondern auch, um den einen oder anderen Greifvogel zu entdecken. Alle Krähen schlafen gerne in großen Gruppen. Die traditionellen Schlafplätze werden oft auch von Dohlen genutzt.

MERKMALE Die Rabenkrähe (rechts) ist völlig schwarz, auch die Beine und der Schnabel. An der Schnabel-Wurzel sind die Federn bei bei-den Arten ebenfalls immer schwarz. Die Nebel-krähe (links) hat einen grauen Körper, lediglich Flügel, Schwanz und Kopf sind schwarz. Die Mischvögel haben unregelmäßige, individuell sehr variable und unterschiedlich viele schwar-ze Flecken im grauen Gefieder.

ÄHNLICHE ART Der **Kolkrabe** (S. 76) ist zwar ebenfalls komplett schwarz und sieht der Ra-benkrähe sehr ähnlich, ist aber viel größer und ruft anders: „Kork, kork!". Die **Saatkrähe** ist ebenfalls völlig schwarz, hat aber längere Federn an den Beinen, „Hosen" genannt, und einen hellen Bereich ohne Federn um den Schnabelansatz. Du musst aber genau hinse-hen, denn junge Saatkrähen haben das nicht und sehen wie Rabenkrähen aus. Die Nebel-krähe ist unverwechselbar.

MÄUSEBUSSARD

Buteo buteo

GRÖSSE: 51 – 57 cm **GEWICHT:** 600 bis 720 g **BEI UNS:** oft auch im Winter
STIMME: lautes, auffälliges „Miauen", „Hiääh-hiääh", oft im Flug `014`

HELL, DUNKEL - UND DAZWISCHEN Kein Mäusebussard sieht so aus wie der andere. Das ist unter Greifvögeln und bei Vögeln allgemein etwas ganz Besonderes. Viele Vögel haben zwar individuelle Unterschiede im Gefieder, die sind aber sehr fein und fallen uns Menschen meist gar nicht auf. Anders beim Mäusebussard, das kann jeder sofort sehen. Grob kann man die Gefieder-Varianten in drei Typen unterscheiden: hell, dunkel und intermediär, also dazwischen. Die Franzosen nennen ihn deswegen „buse variable", also in etwa „variabler Bussard". „Buse" ist übrigens auch ein altdeutsches Wort für Katze, passend zum „miauenden" Ruf. Man kann lange darüber rätseln, warum es diese verschiedenen Farbvarianten gibt. Kluge Forschende aus Deutschland sind dem Rätsel auf der Spur. Sie vermuten Vorteile für die dunkleren Vögel, denn die hellen werden immer weniger – offenbar ist die Evolution beim Mäusebussardgefieder voll bei der Arbeit.

DER SEGELFLIEGER, DER ZU FUSS GEHT Mäusebussarde sind oft zu sehen, weil sie bei gutem Wetter gerne stundenlang in der Luft kreisen, neben und oft über dem Wald. Menschen in Segelflugzeugen sind immer wieder erstaunt, mit welcher Leichtigkeit und Schnelligkeit die Vögel an ihnen vorbeiziehen – mit mehreren Metern pro Sekunde, als ginge es in einem Hochgeschwindigkeits-Fahrstuhl nach oben. Trotz seiner scheinbaren Lufthoheit ist der Mäusebussard ein Fußgänger wie

MERKMALE Mittelgroßer Greifvogel mit breiten Flügeln und relativ kurzem Schwanz. Wird oft für einen kleinen Adler gehalten. Krummer gelber Schnabel. Trotz der variablen Gefiederfärbung haben Mäusebussarde oft einen gut erkennbaren helleren Ring über der oberen Brust und dunkle Flecken in den Flügeln (genau da, wo Hand- und Armschwingen zusammenkommen). Wenn er nicht fliegt oder geht, sitzt der Mäusebussard ausdauernd auf hohen Pfählen, Erderhebungen, Masten oder Bäumen. Er ist ein Ansitzjäger. Oder ein Pömpel-Vogel, wie man in einigen Regionen sagt (Niederdeutsch).

ÄHNLICHE ART Der **Wespenbussard** (S. 120) ist sehr viel seltener und hat einen kleinen, taubenartigen Kopf, einen längeren Schwanz und zahlreiche dunkle, quer laufende Streifen auf der Unterseite. Der Habicht ist ebenfalls deutlich quer gestreift, aber er fliegt ganz anders. Er kreist kaum und saust schnell und wendig durch den Wald. Er setzt bei der Jagd auf Überraschung, nicht auf Ausdauer wie der Mäusebussard.

kaum ein anderer Greifvogel. Ist oder wird ein Feld bearbeitet oder eine Wiese frisch gemäht, sieht man manchmal zehn, 20, sogar 30 Mäusebussarde zusammen auf der Pirsch. Sie suchen Regenwürmer, große Insekten, Amphibien oder eben Mäuse. Bei seinem Speiseplan ist der Greifvogel nicht gerade wählerisch. Immer wieder versucht er sich auch an Straßenverkehrsopfern – und wird oft selbst überfahren.

RANDSTÄNDIG Der Mäusebussard tut nur so, als wäre er ein Waldbewohner. Vielmehr liebt er die offene Landschaft – vom Waldrand aus. Seine Horste baut er in große Bäume, meist Buchen, aber auch Lärchen, die nicht in der Mitte des Waldes stehen, sondern nah am Rand. Man findet Bussardnester deshalb auch in kleinen Baumgruppen oder -reihen, auf Friedhöfen, in Parks, auf Hofbäumen und ganz in der Nähe von Siedlungen. Mäusebussarde suchen ihre Nahrung nicht im Wald, sondern auf Getreidefeldern und Wiesen. Überall, wo Bäume an offenes Land grenzen, fühlen sie sich zu Hause. In großen, dichten Wäldern kommen sie hingegen kaum vor. Man möchte fast sagen, es ist dem Mäusebussard egal, wie der Wald aussieht, Hauptsache der Waldrand stimmt.

WO ZU BEOBACHTEN An Waldrändern mit genügend Äckern, Feldrändern, Brachen und Grünland in der Umgebung zu finden.

STAR

Sturnus vulgaris

GRÖSSE: 19 – 22 cm **GEWICHT:** 64 – 107 g **BEI UNS:** oft auch im Winter
STIMME: Gemisch von Pfiffen, knackenden oder knirschenden Geräuschen,
viele Imitationen; Ruf quäkend „Schrääh" `015`

STARALLÜREN Der Star badet und trinkt viel.
Er ist ein Geck, ein Dandy, eben ein Star. Und
so läuft er auch, immer in Bewegung und da-
bei lässig, in flinken Schritten mit nickendem
Kopf. Nur das gemeine Volk hüpft – wie die
Amseln. Der Gesang ist voll von Nachahmun-
gen anderer Vogelarten oder von Geräten,
Handytönen und anderem mehr. Trotz seiner
Starallüren liebt der Star die Geselligkeit. Die
Schwärme im Herbst mit Abertausenden bis
Millionen Vögeln sind legendär. Der Him-
mel z. B. über Rom verdunkelt sich und die
Schlafplätze sind vom Kot völlig geweißt. Das
Richtungswechseln der Starenschwärme ist
ein ganz besonders Naturschauspiel und wird
vielfach in allen Medien gezeigt.

HAUSBESETZER MIT GRAFFITI Stare brüten
in Höhlen, bauen aber selbst keine und eignen
sich deshalb fremde Höhlen an. Viele Bunt-
spechthöhlen werden vom Star übernommen,
wenn der Specht auszieht. Keineswegs be-
nimmt sich der Hausbesetzer nun gesittet.
Wenn die Brut weiter fortgeschritten ist,
kannst du die besetzen Höhlen leicht entdecken, wenn du dem Geschrei der Jungen
folgst. Sie rufen besonders laut mit charak-
teristischem „Bschä" nach den Alten, wenn
sie deren Annäherung bemerken. Auch
wenn die Alten versuchen, das Nest sauber
zu halten, koten die Jungen vielfach aus der
Höhle heraus, sodass am Ende der Brutzeit
ein weißlicher Kotstreifen an der Höhle weit

nach unten reicht. Hausbesetzer-Graffiti. Das haben viele andere Höhlenbrüter nicht.

KLEIDERWECHSEL Stare sehen nicht immer gleich aus. Die Jungvögel sind relativ einfarbig braungrau und verwirren so manchen Einsteiger, wenn sie im Mai oder Juni plötzlich überall auf Wiesen und Äckern auftauchen. Die Altvögel beginnen dann ebenfalls ihr Gefieder zu wechseln. Bis zum Herbst erscheinen viele helle Punkte im dunklen Federkleid. Am Kopf sind es so viele, dass er ganz hell aussieht mit einem dunklen Augenfleck. Der Schnabel wird nun dunkel. Im Herbst wechseln dann auch die Jungen ihre ersten Federn und im einfachen Braun erscheinen nach und nach dunkle Bereiche mit hellen Flecken. In dieser Zeit sieht kein Star aus wie der andere. Durchaus eine Herausforderung für uns. Zum Glück bleibt das Verhalten gleich: Das ruckartige, aber elegant-schnelle Gehen verrät den Star in jedem Kleid.

WO ZU BEOBACHTEN Als Höhlenbrüter an Bäume gebunden. Liebt, wie viele andere, Eichen. Brütet sehr gerne in Nistkästen und unterm dem Dach alter Gebäude. Sucht Nahrung vielfach am Boden, viel außerhalb des Waldes, sogar mitten in der Stadt. Ganz oft zwischen Weidevieh, vor allem Schafen zu finden. Singt von hohen Warten aus, egal ob Baum oder Dachfirst.

MERKMALE Prächtig – so ist das Gefieder des Stars absolut treffend beschrieben. Er ist keinesfalls nur schwarz, sondern ausgesprochen vielfarbig. Farben von Grün, Gelb, Blau bis Silber schillern im dunklen Gefieder des Prachtkleids (rechts). Der Star ist schlank mit kräftig roten Beinen und gelbem Schnabel. Jungvögel sind graubraun, im Schlichtkleid (links) ist das dunkle Gefieder am ganzen Körper hell gefleckt. Er ist ein sehr auffälliger Vogel, immer in Bewegung und viel auf dem Boden laufend und sehr gerne in Schwärmen unterwegs. Typisch in großen Gruppen ist das vielfach gerufene „Dssie, dssie". Sein Gesang ist äußerst abwechslungsreich und verwirrt Anfänger wie Fortgeschrittene gleichermaßen.

ÄHNLICHE ART Die **Amsel** (S. 42) ist einfarbig schwarz oder braun, das metallische Schillern des Stars fehlt ihr vollkommen. Der Star läuft am Boden, die Amsel hüpft. Das hilft nicht immer bei der Bestimmung, aber sehr oft. Die Amsel singt sanft melodisch, der Star dagegen lärmend und schnarrend. Er reißt dabei den Schnabel weit auf, die Federn an der Kehle gesträubt.

59

WALDKAUZ

Strix aluco

GRÖSSE: 37–43 cm **GEWICHT:** 330–630 g **BEI UNS:** das ganze Jahr
STIMME: das klassische Heulen der Eulen „Hu-huuh" `016`

MÖRDERISCH IM DUETT Es ist ein Klassiker, im Hörspiel, TV-Krimi oder abendfüllenden Kinostreifen. Läuft ein armes Opfer durch den Wald, um sich vor einem Meuchelmörder in Sicherheit zu bringen, dann ertönt das Rufen eines Waldkauzes. Fast immer. Allerdings ist es zu kurz gegriffen, die Rufe auf das schaurig-schöne „Hu-huuh" zu reduzieren. Schon Shakespeare schrieb „Tu-whit; Tu-who" und verwies damit auf das „Kiee-witt" der Weibchen – oft gerufen im Duett mit dem „Hu-huu" des Männchens. Waldkäuze rufen ausgesprochen laut, oft und viel, so ist die Bekanntheit der Rufe nachvollziehbar.

BAUM ODER HAUS – WALDKAUZ ÜBERALL Trotz des Namens ist der Waldkauz auch außerhalb des Waldes anzutreffen. Er ist vor allem Höhlenbrüter und geht auch in alte Gebäude, Scheunen oder sogar an Felsen. Selbst in den Innenstädten taucht er auf. Zum Leben braucht er aber Bäume unbedingt und dort wo sie weiträumig fehlen, fehlt der Waldkauz. Er brütet auch „frei" in Nestern anderer Arten, z. B. von Krähen. Wie bei Eulen üblich,

baut der Waldkauz nicht selbst. Viele Eulenfreunde sind etwas beleidigt, wenn in den mühsam aufgehängten Schleiereulenkasten ein Waldkauz einzieht.

ALTBAU(M)-LIEBHABER Trotz seines recht breit gefächerten Lebensraumspektrums steht der Waldkauz besonders auf alte Bäume. Üblicherweise brütet und schläft er in Baumhöhlen mit einer gewissen Größe, es muss ja der Waldkauz hineinpassen. Das wiederum verlangt eine gewisse Mächtigkeit und damit zumeist ein genügend hohes Alter des jeweiligen Baumes. Die Ausweisung von Naturwaldzellen, in denen die Bäume wachsen können, wie sie wollen, hilft also auch dem Waldkauz.

EULENJÄGER Bei uns ist der Waldkauz die häufigste Eule und schreckt auch nicht davor zurück, andere Eulen zu erbeuten. Vor allem der Steinkauz leidet unter diesen Übergriffen des stärkeren Verwandten. Auch Waldohr- und Schleiereule weichen dem Waldkauz aus, wenn er einen Nistplatz übernehmen will.

SPOOKY JUNGVÖGEL Ob es ihnen in ihrer Höhle zu eng wird? Möglich. Auf jeden Fall verlassen junge Waldkäuze ihr Nest schon, wenn sie noch nicht fliegen können. Alle Eulen machen das mehr oder weniger so. In dieser Zeit werden sie „Ästlinge" genannt, denn sie klettern durch das Astwerk und sind dabei erstaunlich geschickt. Sie haben noch weiße Daunenfedern und sehen mit ihren großen dunklen Augen wie kleine Gespenster aus. Weil sie nicht fliegen können, sind die Kleinen relativ lange schutzlos. Deswegen verteidigen die Alten ihre Brut vehement – auch schon mal gegen einen Jogger, der die kleinen Eulen meist gar nicht bemerkt hat.

WO ZU BEOBACHTEN Liebt die Dunkelheit und ist dann eher zu hören als zu sehen. Bei Tag eigentlich nur zu sehen, wenn er vom Schlafplatz aufgeschreckt wird. Wird sofort von anderen Vögeln angegriffen, die ihn als Bedrohung wahrnehmen, wenn er auffliegt. Wie eine Wolke umgeben die aufgebrachten Singvögel den Waldkauz – aber auch andere Eulen.

Mit viel Glück schaut mal ein Altvogel aus einer Höhle oder aus einem Nistkasten heraus.

MERKMALE Tja, Eule ist Eule. „Die im Dunkeln sieht man nicht", so Bertolt Brecht. Waldkäuze sind von einem schönen, tiefen Braun, oft mit viel Rotbraun. Sie haben eine eulentypische Federmaske um die Augen und sind kräftig gebaut mit einem sehr runden Kopf.

ÄHNLICHE ART Die **Waldohreule** (S. 130) trägt ihren Namen zu recht, die Federn an ihrem Kopf erinnern an Ohren. Sie ist etwas kleiner, aber sonst ähnlich. Waldkäuze haben einen glatten, runden Kopf. Der **Raufußkauz** (S. 130) ist deutlich seltener und viel kleiner, seine Maske fast weiß. Und wenn du genau hinsiehst, merkst du, dass der Waldkauz schwarze Augen hat, die der anderen Eulen sind orange oder gelb.

DIE SIEHST DU WAHR- SCHEINLICH

HECKENBRAUNELLE

Prunella modularis

GRÖSSE: ca. 14 cm **GEWICHT:** 15 – 27 g **BEI UNS:** das ganze Jahr
STIMME: leiser, schlichter Gesang, etwas hektische Folge von Zwitschern
ohne viel auf und ab `017`

UNDERCOVER Für viele Vogelbeobachter, die sich als Anfänger umzusehen beginnen, ist die Entdeckung der Heckenbraunelle eine Überraschung. Die meisten Menschen wissen gar nicht, dass es sie gibt. Ein alter Name für die Heckenbraunelle ist „Zaunschleicher", eine sehr passende Bezeichnung für den zwar häufigen Vogel, der dennoch einfach nicht auffällt. Auch „Braunellchen" findet man in alten Vogelbüchern, was das kleine, braun-unauffällige Auftreten des Vogels gut umschreibt. Klein, graubraun und ziemlich zurückgezogen lebt diese Art „undercover". Ein Grund für die so wenig auffälligen Merkmale könnte schlicht die gute Tarnung sein. Wer nicht auffällt, wird vielleicht eher verschont von Greifvögeln, Katzen oder anderen Feinden.

HIPPIEVOGEL Das Äußere der Heckenbraunelle steht im starken Kontrast zum wilden Paarungsverhalten. Schon früh fiel aufmerksamen Beobachtern auf, dass Heckenbraunellen sich nicht an die gängigen Muster halten. Ein berühmter Biologe, Nicholas Davies, früher Professor im britischen Cambridge, fand mit seinem Team schockierende Tatsachen heraus: Der kleine graue Vogel führt ein sehr abwechslungsreiches Sexualleben. Manche Weibchen dulden in Nestnähe ein erstes Männchen, ein zweites, ein drittes. So etwas

kommt nur sehr selten vor – auch in der Vo-
gelwelt. Aber auch manche Männchen halten
sich mehrere Weibchen. Wieder andere prak-
tizieren regelrechten Gruppensex. Warum die
Heckenbraunelle so ein wildes Leben führt,
hat die Wissenschaft noch nicht herausgefunden. Wird hier noch experimentiert, welche
Art der Paarbindung am besten passt? Oder
hat die Heckenbraunelle die Monogamie auf-
gegeben aus Gründen, die niemand kennt?
Ein kleiner, unscheinbarer Vogel, der den
Menschen viel Kopfzerbrechen bereitet.

SPITZENSÄNGER Trotz ihres Namens liebt
die Heckenbraunelle Nadelbäume. Im Wald
wie im Garten sitzen die Männchen fast immer auf einer Tannen- oder Fichtenspitze, um
zu singen. Deswegen sind sie im Wald auch
oft in Schonungen, Parzellen mit jungen Fichten oder Lärchen, anzutreffen, wenn sie früh
im Jahr mit dem Gesang beginnen.

WO ZU BEOBACHTEN In Laub-, Misch- und
Nadelwäldern, auch am Waldrand, in Gärten,
Parks und auf Friedhöfen häufig. Begnügt sich
mancherorts mit Gebüschen, sogar in baum-
freien Gebieten wie in den Dünen an der
Küste anzutreffen. Sucht ihre Nahrung, meist
Insekten und Samen, fast immer am Boden.

MERKMALE Die Oberseite ist braun gespren-
kelt, mit dunklen Streifen. Hals, Nacken und
Brust sind grau, es ist gerade das Unscheinbare, was uns ins Auge fällt. Das Auge der
Heckenbraunelle ist rötlich braun und nicht
einfarbig dunkel, wie bei den meisten Singvögeln. Die Beine sind hell gefärbt.
Der Gesang ist ziemlich leise, unauffällig, obwohl ihn die Vögel so hoch oben auf einer
Baumspitze vortragen. Er ähnelt mehr einem
leisen, schnellen Schwirren ohne Melodien.
Die Rufe der Heckenbraunelle sind scharf „Tsi
tsi" oder charakteristisch leise trillernd „Di di
di", was fast wie ein kleines Glöckchen klingt.

ÄHNLICHE ART Meistens wird die Heckenbraunelle mit dem **Haussperling** verwechselt.
Mitten im Wald stellt das jedoch ein geringes
Risiko dar, da dort der Spatz eigentlich nicht
anzutreffen ist. Im Englischen nennt man sie

auch „Hedge Sparrow", Heckenspatz. Der
Haussperling hat einen schwarzen Kehlfleck,
der weit in die Brust reicht. Insgesamt ist
das Haussperling-Männchen viel abwechs-
lungsreicher gefärbt als eine Heckenbraunelle.
Ihr Gesang wird gelegentlich mit dem **Zaun-
könig-Gesang** (S. 44) verwechselt, der aber
viel lauter ist und voller rollender und schep-
pernder Töne.

MÖNCHSGRASMÜCKE

Sylvia atricapilla

GRÖSSE: ca. 13,5 – 15 cm **GEWICHT:** 15 – 20 g **BEI UNS:** März bis Oktober
STIMME: ähnlich der Amsel, am Anfang schnarrend und leise, dann
laut flötend `018`

KLEINER MÖNCH Die Mönchsgrasmücke ist kein enthaltsamer Klosterbruder oder eine zurückgezogen lebende Nonne. Vielmehr hat die Art ihren deutschen Namen von der auffällig schwarzen Kopfplatte des Männchens, die an die Tonsur eines Mönches erinnern soll. „Schwarzplattl" ist eine süddeutsche und österreichische Bezeichnung, im Englischen heißt sie schlicht „Blackcap". Der Name Grasmücke hat weder mit Gras noch mit Mücken zu tun. Wie so oft bei Namen mit langer Geschichte liegt der Ursprung sprachlich ganz woanders: im Altdeutschen steht „smucken" für schmiegen (huschen) und „gra" für grau. Grau ist die beherrschende Farbe der Mönchsgrasmücke. Sie huscht gerne durchs Gebüsch und lässt sich nur sehr

schlecht beobachten, hören kann man sie allerdings sehr gut.
Während die namensgebenden Mönche weniger werden, ist der Vogel ein regelrechter Shooting-Star: Wie kaum eine andere Singvogelart hat „der Mönch" in den letzten Jahrzehnten überall in Mitteleuropa zugelegt.

KIESELSTEIN Der Warnruf der Mönchsgrasmücke klingt wie zwei Kieselsteine, die man aneinanderstößt. Eine treffende Beschreibung für die Laute, die bei Gefahr ertönen: ein mechanisches, klares „Teck, teck". Aber Hand aufs Herz – hast du in letzter Zeit Kieselsteine in der Hand gehabt, geschweige denn aneinandergeschlagen? Deswegen mein Tipp: Kieselsteine suchen, aufheben und los! Danach

ist klar, wie die Mönchsgrasmücke klingt, wenn sie alarmiert ist. Oft ist sie das durch uns, durch dich, den Beobachter mit dem Fernglas in der Hand. Wir sind aus der Sicht der Mönchsgrasmücke ein Störenfried, der „beschimpft" werden muss.

WINTERURLAUB IM SÜDEN „Früher war alles besser", das hört man oft. Möglicherweise sehen Mönchsgrasmücken das anders. Es ist erst wenige Jahrzehnte her, da zogen die kleinen grauen Vögel noch weite Strecken nach Süden oder Südwesten bis ans Mittelmeer oder sogar nach Afrika. Mit allen Nachteilen, die das mit sich bringt. Zugvögel brauchen viel Energie und setzen sich großen Gefahren aus, sie werden gejagt und verfolgt. Dazu kommen Unfälle, Hungertod und Erschöpfung.

ZUGVOGEL OHNE FERNWEH Wissenschaftler aus Radolfzell am Bodensee fanden heraus, dass das Zugverhalten nicht in Stein gemeißelt ist. Immer mehr Mönchsgrasmücken kürzen die Strecke ab oder brechen erst später auf. Viele von ihnen schlagen eine neue Richtung ein und fliegen statt nach Spanien nach England. So ignorieren die Vögel nicht nur den Brexit, sie lassen auch die Wissenschaft staunen. Es stand lange Zeit außer Frage, dass das Zugverhalten genetisch fest verankert ist, gerade die Richtung. Heute wissen wir es besser:

Es ist genetisch fixiert, aber nicht sehr fest. Zugrichtung und Stärke des Zugverhaltens können veränderten Bedingungen angepasst werden und offenbar werden die Neuerungen rasch weitervererbt. Vom Menschen aufgestellte Gesetzmäßigkeiten sind weniger flexibel als die Natur selbst.

WO ZU BEOBACHTEN In Gebüschen und am Waldrand zu finden, auch in Gärten häufig. Liebt die Wälder da, wo Natur oder Mensch Lücken geschaffen haben. Lässt sich gerne dort nieder, wo junge Bäume und dichtes Gehölz heranwachsen.

MERKMALE Das Männchen (links) hat eine schwarze, das Weibchen (oben) eine braune Kopfplatte und schwarze Knopfaugen. Der Körper ist hellgrau und der Rücken hellbraun. Der Gesang besteht aus zwei Teilen, wobei der erste Teil oft überhört wird. Er startet leise, ein wenig knirschend und schnarrend, dann kippt er und wird laut pfeifend, melodisch.

ÄHNLICHE ARTEN Sumpf- und **Weidenmeise** (S. 82, S. 91) sind ähnlich grau, aber kleiner, mehr rundlich und haben auch eine schwarze Kopfplatte. Sie besitzen abgesetzte helle oder weiße Wangen und einen auffälligen schwarzen Kehlfleck. Bei den Meisen sind außerdem beide Geschlechter gleich gefärbt.

SCHWANZMEISE

Aegithalos caudatus

GRÖSSE: 13–15 cm (9 cm Schwanz!) **GEWICHT:** 6–9 g
BEI UNS: ganzjährig **STIMME:** zart gereiht „Zirr, zirr" `019`

LUTSCHER MIT STIEL Die Schwanzmeise ist ein Vogel mit ganz erstaunlichen Körpermaßen. Sie ist kugelrund, dabei winzig klein – wäre da nicht der ewig lange, deutlich gestufte Schwanz. Er ist fast dreimal so lang wie der kleine Körper. Eine Schwanzmeise sieht deshalb ein bisschen aus wie ein runder Lutscher oder Lolli mit Stiel. Sie ist ansonsten unauffällig und nur wenig bunt gefärbt, flitzt tief im Geäst herum und sammelt für uns unsichtbare Insekten auf. Der lange Schwanz erlaubt ihr, sich geschickt auszubalancieren bei den akrobatischen Turnereien an dünnen Ast- und Zweigenden. Wegen ihrer besonderen Form werden Schwanzmeisen auch treffend Pfannenstielchen genannt.

FAMILIENTIER Für uns zum Vorteil gereicht das Verhalten der Schwanzmeisen, die zu gerne gemeinsam unterwegs sind. Nach der Brutzeit streifen sie in Gruppen von acht bis zehn Vögeln herum. Dabei halten sie wie andere Singvögel untereinander Kontakt durch ständiges Lautgeben: Reihen von „Zirr"-Rufen verraten die Anwesenheit der kleinen Vögel. Das Auftreten in der Gruppe macht die Beobachtung leichter. Obwohl sie sehr quirlig herumhuschen, bekommst du immer wieder eine genauer zu Gesicht, wenn auch nur kurz.

DIE MEISE, DIE KEINE IST Die meisten unserer heimischen Meisen brüten in Höhlen. Aber die Schwanzmeise nicht. Im Gegenteil, ihre kugelförmigen Nester sind kunstvolle Arrangements aus feinem Gras und Federn, frei hängend und mit einem kleinen Einschlupfloch. Man bekommt sie nur selten zu Gesicht, so gut sind sie versteckt. Die Art des Nestes weist schon darauf hin, dass die Verwandtschaft mit den „echten" Meisen nur eine sehr ent-

fernte ist. Tatsächlich steht die Schwanzmeise den Laubsängern näher, also Zilpzalp und Co. In modernen Vogelbüchern oder Vogellisten, die nach der Systematik geordnet sind, findet man die Schwanzmeise deswegen auch nicht bei den Meisen, sondern direkt vor dem Waldlaubsänger. Die runde Nestform stellt eine Herausforderung dar, wenn die langschwänzigen Vögel zum Füttern der Jungen ständig hinein- und hinausschlüpfen müssen. Altvögel, die gerade Küken versorgen müssen, kannst du daher leicht erkennen: Ihr Schwanz ist krumm gebogen und ziemlich zerfleddert.

WO ZU BEOBACHTEN Vor allem am Waldrand zu finden, wenn dort genügend lichtes Gebüsch und Unterholz zu vorhanden ist. Mag auch Hecken, Gärten und Parks gern und verlässt diese geschützte Umgebung nur selten. Meidet Höhen und ist ab 500 ü. NN selten anzutreffen. Vor allem im Winter heißt es: Ohren und Augen auf. Die schon beschriebenen Familientrupps sind viel leichter aufzuspüren als die verschwiegenen und versteckten Brutpaare.

MERKMALE Im Prinzip besteht die Schwanzmeise aus hellen und dunklen Federn, wobei der Körper mehrheitlich weiß ist. An den Seiten und auf den Schultern ist das Gefieder leicht rosafarben, der Rücken ist schwarz. Der lange Schwanz ist auffällig schwarz-weiß gefärbt, wobei die äußeren Federn weiß, die inneren schwarz sind. Besonders auffällig ist

der winzige dunkle Schnabel. Dunkle, vergleichsweise große Knopfaugen verleihen der Schwanzmeise, zusammen mit der geringen Größe, ein besonders niedliches Aussehen. Das klassische Kindchen-Schema. Viele Menschen, die zum ersten Mal eine Schwanzmeise sehen, sind beeindruckt. Und sicher, dass sie so ein Tier noch nie gesehen haben. Stimmt, denn Schwanzmeisen sind unverwechselbar. Dabei sind sie keineswegs selten, in vielen Regionen hat der Bestand der Schwanzmeise sogar zugenommen in den letzten Jahrzehnten. Dennoch sieht man sie nicht oft, sie lebt zu tief im Gebüsch versteckt.

ÄHNLICHE ART Keine.

HOHLTAUBE

Columba oenas

GRÖSSE: 28 – 32 cm **GEWICHT:** 250 – 365 g **BEI UNS:** teils Zugvogel (Mitte Sept. – Anfang März), teils das ganze Jahr hier **STIMME:** Gesang leise aber deutlich: „Uwe, Uwe, Uwe", immer wiederholt **020**

HOHL MIT UMLAUT „Höhltaube" müsste es eigentlich heißen, denn die Hohltaube bekam ihren Namen, weil sie in Höhlen brütet. Wie der Star und andere Arten kann sie aber selbst keine Höhlen bauen. Sie nimmt jede Naturhöhle gerne an, muss aber oft warten, bis etwas frei wird. Und das muss man wirklich bildlich so verstehen. Besonders Schwarzspecht-Höhlen haben es der kleinen Taube angetan, denn die haben die ideale Größe. Allerdings ist keinem zu empfehlen, da einzuziehen, solange der große Specht noch dort wohnt. Er sieht ungebetene Gäste nicht gern und reagiert ausgesprochen rabiat. Deshalb haben Hohltauben immer einen Blick auf die Entwicklung der kleinen Schwarzspechte. Nachdem diese ausgeflogen sind, steht die Hohltaube prompt vor der Tür und übernimmt die Höhle.

WO IST UWE? Der Klang der Hohltaubenrufe ist dem der Ringeltaube sehr ähnlich: irgendwie dumpf und etwas heiser. Die Hohltaube singt aber viel sparsamer, stets sind ihre Rufe zweisilbig und nicht mehr. Wer genau hinhört, erkennt mehr ein leises „Hauruck, hauruck", was aber von Weitem eben wie „Uwe, Uwe" klingt. Das kann man sich auch gut merken. Diesen feinen, etwas hohl klingenden Gesang hört man vor allem in Wäldern mit vielen alten Bäumen.

DIE UNAUFFÄLLIGE Die Hohltaube sitzt gern hoch in den Bäumen, ist relativ klein und unauffällig, das laute Verhalten der großen Schwester Ringeltaube legt sie nicht an den Tag. Ihr Gesang ist eine gute Hilfestellung, um den Vogel zu finden. Wenn du dem „Uwe, Uwe" vorsichtig durch den Wald folgst, kannst

du mit etwas Glück eine Hohltaube auf einen Ast oben im Baum sitzend entdecken. Sie ist ein schöner und nicht unbedingt seltener Vogel, der aber im Wald ein seltener Anblick sein kann – ein Geschenk, das den Tag reicher macht.

WO ZU BEOBACHTEN Liebt Wälder mit alten Bäumen, ist aber nicht ganz leicht zu entdecken. Sitzt oft auf den Äckern am Rand der Wälder, meist in kleinen Gruppen (und zusammen mit Ringeltauben) und ist dann viel einfacher zu beobachten. Da die Bestände der Hohltaube in den letzten Jahren erfreulich zugenommen haben, findest du sie auch in Städten und Parks, abseits der großen Wälder. Sie braucht offenbar nur genügend alte Bäume mit Höhlen, egal wo.

MERKMALE Die Hohltaube ist kleiner als die Ringeltaube, hat einen kleinen, runden Kopf mit schönen dunklen Augen und einen dazu viel besser proportionierten Körper. Sie ist hübsch, obwohl sie mehrheitlich nur graublau ist. An den Halsseiten schimmern sehr schöne grünliche und weinrote Federpartien. Auf den Flügeln befinden sich zwei schwarze Querstreifen, die du auch im Sitzen sehen kannst. Deutlich sieht man im Flug ein beinahe komplett um die Flügel herum laufendes schwarzes Band, die Federn in der Flügelmitte sind heller, meist grau.

ÄHNLICHE ARTEN Die sehr ähnliche **Ringeltaube** (S. 30) wirkt aufgrund ihrer – vorsichtig formuliert – etwas ungeschlachten Körpermaße bei kleinem Kopf und dickem Körper sehr mächtig. Sie ist deutlich größer und hat auffällige weiße Streifen am Hals und in den Flügeln. Diese fehlen der Hohltaube, doch Vorsicht: Auch bei jungen Ringeltauben fehlen sie. Die Augen der Ringeltaube sind hell. Außerhalb des Waldes kann auch die **Straßentaube** ähnlich aussehen, wenn sie wie ihre Urform, die Felsentaube, gefärbt sind. Auch sie können einen vergleichbar schillernden Fleck an der Seite des Halses haben, die dunklen Streifen auf den Flügeln sind aber viel stärker ausgeprägt. Sie leben mitten in der Stadt. Tauben, die auf asphaltierten Plätzen Nahrung suchen, sind nie Hohltauben.

GIMPEL DOMPFAFF

Pyrrhula pyrrhula

GRÖSSE: 15,5–17,5 cm **GEWICHT:** ca. 30 g **BEI UNS:** ganzjährig, vereinzelt
Zugvögel aus dem Nordosten **STIMME:** vor allem ein weiches Rufen „Diü,
diü…", ausgetauscht zwischen Weibchen und Männchen 021

SCHÖN, ABER DENNOCH UNSCHEINBAR
Ein Gimpel-Männchen macht was her mit
seiner mächtigen Brust in schönem Purpur.
„Wegen seiner vollen Figur auch Dompfaff
genannt", findet man in den Texten alter
Vogelkundler geschrieben. Das spielt auf die
leicht negativ gemeinte Beschreibung eines
Priesters an, der wegen seiner reichhaltigen
Pfründe wohlbeleibt daherkam. Das passt
gut zu dem behäbig wirkenden Vogel. Die
Soutane eines Priesters ist allerdings schlicht
schwarz. Also müsste der Gimpel eigentlich
„Bischof" heißen. Obwohl kräftig gefärbt,
sieht man den Gimpel wenig. Gerne hält er
sich im dichten Laub oder in Nadelbäumen
fast unsichtbar auf. Mitten im Winter hat man
schon mehr Gelegenheit, Gimpel zu sehen,
wenn auf dunklen Ästen oder im weißen
Schnee deutlich rote Farbkleckse zum genau-
eren Hinsehen anregen.

BEGNADETER SÄNGER
Der Gesang des
Gimpels ist eine sehr unauffällige Folge zarter
Töne, die man kaum hören kann, so leise
(und selten) werden sie vorgetragen. Besser
zu hören sind dagegen die Rufe, zarte und
einfache Flötentöne. Wieso also begnadeter
Sänger? Gimpel besitzen im Kontrast zum
offenbar eng begrenzten Stimmrepertoire eine
erstaunliche Fähigkeit. Bergleute im Harz fan-

den schon vor Generationen heraus, dass zahme, handaufgezogene Gimpel geduldig vorgepfiffene Melodien perfekt erlernen können. Mit viel Zeit und Geduld brachten die Bergleute den Vögeln meist bekannte Volkslieder bei, auch wenn diese nur zwei, maximal drei verschiedene erlernen konnten. Das zahlte sich mitunter aus. Sogar Queen Victoria soll als leidenschaftliche Sammlerin viel Geld für gleich zwei so schön pfeifende Gimpel gezahlt haben.

TREUE SEELE Eigentlich sind Dompfaffe das Gegenteil eines zölibatären Priesters: Sie sind auf das Engste in einer oft lebenslangen Paarbindung mit ihrem Partner verbunden. Alle Indizien weisen darauf hin, dass Gimpel sich zu hundert Prozent treu sind, eine absolute Ausnahmeerscheinung im gesamten Tierreich, den Menschen eingeschlossen. Wenn man aus einem dichten Gebüsch am Waldrand die Rufe der Gimpel hört, dienen diese dazu, die starke Paarbindung zu halten und zu festigen. Ein durchaus romantischer Moment bei einem einfachen Waldspaziergang.

WOHNUNGSLOS ODER ÜBERALL ZU HAUSE
Die Männchen verteidigen so gut wie kein Revier. Das macht es schwer, diesen Vogel zu erfassen. Das wenige Singen kann auch weitab vom Neststandort vorgetragen werden, was eine Zuordnung zu einem

„Zuhause" erschwert. Aber diese Verortung braucht man, wenn man in einem Gebiet die Anzahl der Gimpel zählen will.

WO ZU BEOBACHTEN Brütet gerne in Nadelbäumen und bevorzugt dabei die Nähe zu Randstrukturen, wie Lichtungen, Waldwege oder Waldränder. Liebt deshalb auch Parks, Friedhöfe und weitläufige Gärten. Geschickter Astkletterer, der sich meist im Gebüsch oder in den Ästen der Bäume aufhält, wo er schwer zu entdecken ist. Wenn da nicht die Rufe wären.

MERKMALE Die Brust des Männchens (oben) ist kräftig rosarot gefärbt, der Kopf ist lackschwarz mit einem dicken, dreieckigen Schnabel. Die Flügel sind dunkel mit einem deutlichen weißen Band. Im Flug fällt nicht nur der weiße Flügelstreif auf, sondern auch der deutlich abgesetzte weiße Fleck am Schwanzansatz. Das Gimpelweibchen (links) ist in vielem dem Männchen sehr ähnlich, ist aber unauffällig beige gefärbt.

ÄHNLICHE ART Der Gimpel wird manchmal aufgrund eines Missverständnisses wegen des Namens mit dem **Rotkehlchen** (S. 26) verwechselt. Ein genaues Hinsehen macht eine Verwechslung unmöglich. Rotkehlchen sind zart gebaut, sie wirken wie ein Marathonläufer neben dem Schwergewichtsheber Gimpel.

SINGDROSSEL

Turdus philomelos

GRÖSSE: 20–22 cm **GEWICHT:** 60–74 g **BEI UNS:** Februar bis Ende Okt.
STIMME: laut wiederholend „Phillip, Phillip", „Hildegard, Hildegard" `022`

SCHEIN-NACHTIGALL Als ich ein Kind war, sang aus unserem Garten hoch oben in einer Birke bis in die Nacht ein Vogel. Meine Mutter meinte, es sei eine Nachtigall. Viel später erst lernte ich, dass es eine Singdrossel gewesen sein muss. Deren Männchen sitzen sehr gerne ganz oben in den Baumspitzen und singen laut und ausdauernd, bis es völlig dunkel ist. Eine Nachtigall singt zwar auch nachts, aber nie von einer Baumspitze aus und letztlich auch völlig anders. Meine Mutter hat mir die Besserwisserei später zum Glück nicht übel genommen.

FEINSCHMECKER Ganz im Sinne der französischen Küche sind Singdrosseln Feinschmecker, sie fressen liebend gerne Schnecken. Um die Schale zu knacken, schleudern sie die Schnecken auf einen Stein, der dazu immer wieder aufgesucht wird. Wenn Du Glück hast, entdeckst du eine solche „Drosselschmiede". Leider schmecken den Franzosen auch die armen Singdrosseln, die auf dem Zug zum Verzehr abgeschossen werden, ein Skandal!

WO ZU BEOBACHTEN Im ganzen Wald zu finden, liebt Unterholz. Auch in Siedlungen weit verbreitet. Unscheinbar und schwer zu sehen, verrät sich aber durch ihre zarten, leisen „Zipp"-Rufe.

MERKMALE Die Singdrossel ist deutlich kleiner und zarter als die Amsel und hat eine auffällig gefleckte helle Brust. Insgesamt ist sie hellbraun, ihre Flügelunterseiten sind ockerfarben.

ÄHNLICHE ART Die **Misteldrossel** ist viel größer und singt anders. Die Flügelunterseiten sind bei ihr weiß.

MISTELDROSSEL

Turdus viscivorus

GRÖSSE: 26–29 cm **GEWICHT:** 99–120 g **BEI UNS:** meist das ganze Jahr
STIMME: etwas wehmütiger Gesang, ähnlich dem der Amsel `023`

AMSEL DUR, MISTELDROSSEL MOLL Ganz früh im Jahr, noch im Winter, beginnt die Misteldrossel von hohen Bäumen aus zu singen. Ihr Gesang ist dem der Amsel ähnlich, aber die Strophen sind bei der Misteldrossel deutlich kürzer und einfacher. Außerdem singt sie in Moll. Wenn du an einem Märzmorgen der Misteldrossel gelauscht hast, wirst du mir zustimmen: wunderschön melancholisch!

EINSAM Die Misteldrossel ist eher ein Einzelgänger, nur ab und zu sieht man sie in Gruppen. Auf Wiesen und Äckern am Waldrand kannst du sie manchmal bei der Nahrungssuche entdecken. Sie ist nicht häufig und scheu, optisch geht sie oft unter. Wäre da nicht die Stimme. Charakteristisch ist das harte Schnarren. Wenn du dir diesen Ruf gemerkt hast, wirst du erstaunt sein, wo überall Misteldrosseln vorkommen.

ES GEHT AUCH OHNE MISTEL Misteldrosseln, die im Winter in Mitteleuropa ausharren, fressen – wie alle Drosseln – sehr gerne Beeren. Und natürlich auch Mistelbeeren. Anders als man vermuten könnte, kommt die Misteldrossel aber auch ohne die namensgebende Pflanze ganz gut aus.

WO ZU BEOBACHTEN Ein Waldvogel, braucht aber keinen Unterwuchs. In Siedlungen weitaus seltener.

MERKMALE Die Misteldrossel ist die größte heimische Drossel. Die Flecken auf Brust, Hals und den Seiten sind mehr rund als tropfenförmig. Ihre Flügelunterseite ist weiß.

ÄHNLICHE ART Die **Singdrossel** ist deutlich kleiner. Unter den Flügeln ist sie ockerfarben.

KOLKRABE

Corvus corax

GRÖSSE: 64 cm **GEWICHT:** 1250 g **BEI UNS:** das ganze Jahr
STIMME: sehr variabel, meist ein tiefes „Kork, kork!" `024`

WIE AUS DEN MÄRCHEN Die Menschen haben Kolkraben immer bewundert. Sie galten schon früh als weise und wurden Königen und Göttern als Ratgeber zur Seite gestellt. Ihre besondere Rolle in der Literatur zieht sich von der isländischen „Edda" über J.R.R. Tolkien bis zu Otfried Preußlers „Krabat". Ein Rabe prägt die Landschaft! So empfand es auch der britische Kolkraben-Fachmann Derek Ratcliffe. Tatsächlich ist der Kolkrabe in seinem Brutrevier ein ganz wesentlicher Bestandteil der Landschaft selbst. Seine raumgreifenden Flüge über weite Strecken lassen ihn regelmäßig an vielen Orten auftauchen. Er fliegt kraftvoll, dabei mühelos und lässig. Seine ursprüngliche Lebensweise, das Verfolgen großer Herden, machte ihn zu einem ausdauernden Flieger. Hinzu kommt die sonor

dröhnende Stimme, die weit zu hören ist. Er prägt seine Umwelt durch seine bloße Anwesenheit – er hat eine starke Präsenz. Weil er in den letzten Jahrzehnten bei uns fast überall zugenommen hat, ist die Beobachtung eines Kolkraben keine Seltenheit mehr. Dennoch macht die Flugweise, die Größe und seine knorrige, urtümliche Stimme die Sichtung des schwarzen Vogels zu einem ganz besonderen Erlebnis. Du bekommst einen Geschmack von purer Wildnis.

KUNSTFLIEGER Wer das Glück hat, einen Kolkraben beim Fliegen zu beobachten, wird schnell feststellen: Der kann was. Wie kaum ein anderer großer Vogel ist der Kolkrabe verliebt in das Fliegen, anders kann man das nicht bezeichnen. Salti, Auf-dem-Rücken-

Fliegen, gespielte Zusammenstöße, Übergaben von Gegenständen als Spiel, plötzliche Sturzflüge, Formationsfliegen... all das beherrscht er meisterhaft und hat Spaß dabei. Ein Ausdruck an Lebensfreude, wie man ihn nicht erwartet in der harten Realität der oft unbarmherzigen Natur.

SOZIALE INTELLIGENZBESTIE Ganze Bücher wurden über das Sozialverhalten und die Intelligenz der Raben geschrieben, bis heute erforscht die Wissenschaft weltweit ihre erstaunlichen Fähigkeiten. Kolkraben versammeln sich wie alle Rabenvögel immer wieder gerne in Gruppen, das erleichtert die Suche nach Aas und macht das Fressen an Kadavern sicherer. Dabei erreichen Rabentrupps im Osten oder Süden Deutschlands, wo sie sehr zahlreich brüten und die Landschaft voll Viehherden sind, Zahlen von mehreren Hundert Tieren. Raben lieben es, Nahrung für schlechte Zeiten zu verstecken. Dabei achten sie darauf, dass ihre Artgenossen sie dabei nicht beobachten, um nicht bestohlen zu werden. Fühlen sie sich beobachtet, suchen sie neue Verstecke. Das ist eine ganz besondere soziale Intelligenz im Tierreich, die klugen Vögel sind in der Lage, sich in ihre Artgenossen hineinzuversetzen – selten im Tierreich.

WO ZU BEOBACHTEN Überall zu finden. Waldränder sind beliebte Ansitzpunkte und Brutplätze. Vor allem zu Beginn (noch im Winter) und zum Ende der Brutzeit ist die Anwesenheit von Raben leicht mitzubekommen. Durch akrobatische Flüge und laute Unterhaltungen schwer zu übersehen und zu überhören. Gerne auch auf Wiesen und Äckern.

MERKMALE Der Kolkrabe ist so groß wie ein Mäusebussard und kohlrabenschwarz. Aus der Nähe betrachtet schillert das Gefieder leicht. Der Schnabel ist kantig und wirkt gewaltig. Beim Rufen lässt der Vogel gerne seine mächtige Kehle anschwellen. Im Flug zeigt der Kolkrabe einen auffallend langen, dabei keilförmigen Schwanz.

ÄHNLICHE ART Die **Rabenkrähe** (S. 54) ist ebenso schwarz, allerdings deutlich kleiner. Ihr Schnabel ist viel weniger kräftig und ihr Schwanz ist gerade abgeschlossen. Das tiefe „Kork, kork" der Raben ist letztendlich unverwechselbar. Dennoch sind schwarze Vogel, die auch Saatkrähen und Dohlen sein können, immer einen Blick wert, die Größenangaben stehen ja nicht dran.

ROTMILAN

Milvus milvus

GRÖSSE: 61–72 cm **GEWICHT:** 750 bis 1330 g **BEI UNS:** manchmal auch im Winter **STIMME:** Feines, dünnes „Piähhh" **025**

DER WAHRE WAPPENVOGEL Ein Adler ist deutscher und österreichischer Wappenvogel. Diese Wahl muss für Deutschland auf einem Missverständnis beruhen. Sicher wurden die Vogelkundler seinerzeit nicht befragt. Sie hätten bestimmt den Rotmilan vorgeschlagen. Dieser große, auffällige Greifvogel ist etwas ganz Besonderes für die Welt – und für die Deutschen. Mehr als die Hälfte des gesamten Weltbestandes brütet in Deutschland – das gibt es bei keiner anderen Vogelart. Insofern müsste nicht nur das Wappen neu gestaltet werden, wir Mitteleuropäer haben – zusammen mit Frankreich und Polen – eine ganz besondere Verantwortung für den sehr kleinen Weltbestand des Rotmilans.

GAUKLER MIT POMMESGABEL Einzigartig ist seine besondere Flugweise. Der Rotmilan fliegt wie leicht betrunken, ständig dreht er sich und seinen langen Schwanz. Das ergibt einen fast durchgehend leicht gaukelnden Flug. Richtungsänderungen auf engem Raum und plötzliche Drehungen sind für den geschickten, wendigen Vogel kein Problem. Die Engländer nennen ihn „Red Kite", Roter Drachen, und meinen den Papierdrachen. Andere Arten, wie der Mäusebussard, wirken dagegen behäbig, fast ein wenig ungeschickt. Immer auffällig ist der gegabelte Schwanz, der dem Rotmilan eine ganz besondere Erscheinung gibt. Allerdings ist die Benennung wohl eher von der Weggabelung inspiriert. Die Gabel des Rotmilans hat nur zwei Zinken und erinnert mehr an eine Pommesgabel.

DIEB UND AASGEIER Der Rotmilan nutzt seine Wendigkeit, um anderen Vögeln die Nahrung abzujagen. Dabei drangsaliert er den Beute tragenden Bussard, Habicht oder Wanderfalken so lange, bis dieser entnervt die Maus oder den Vogel fallen lässt. Das Diebesgut sammelt der Rotmilan dann meist vom Boden auf. Dafür haben die Biologen einen schönen Fachbegriff erfunden: „Kleptoparasitismus". Rotmilane sind dazu Allesfresser und nehmen oft Aas auf. Sie segeln häufig in der Nähe von Windkraftanlagen und kollidieren auch überdurchschnittlich oft mit diesen. Möglicherweise, weil sie dort bei der Nahrungssuche auf andere Kollisionsopfer

hoffen. So wurden sie doch zu einer Art Wappenvogel: als Symbol für den Streit zwischen Windenergie und Artenschutz.

WO ZU BEOBACHTEN Brütet gerne in kleineren Wäldern, Gehölzen, Baumgruppen – meist aber am Waldrand. Sucht zum Jagen die freie Landschaft auf und ist dort am besten zu sehen. Nutzt dabei große Jagdreviere, je nachdem, wie viel die Landschaft hergibt. Patrouilliert sein Revier regelrecht und gleitet wie auf Streife immer die gleichen Strecken ab. Hört man die Vögel am Waldrand rufen, ist meistens der Horst nicht weit.

MERKMALE Obwohl ein Rotmilan nicht viel größer oder schwerer ist als ein Mäusebussard, wirkt er so. Er ist schlank und besitzt sehr lange, schmale Flügel, die ihm im Sitzen ein sehr langes Hinterende verschaffen. Neben dem grau-weißen Kopf und dem rötlichen, gegabelten Schwanz fallen im Flug die großen weißen Flecke auf der Unterseite in den sonst dunklen Flügeln auf. Deswegen sieht er ein wenig scheckig aus. Das auffälligste Merkmal aber ist die Flugweise.

ÄHNLICHE ART Auch der Schwanz des **Schwarzmilans** (S. 130) ist gegabelt, wenn auch deutlich weniger markant. Sein Gefieder ist viel dunkler gefärbt und mehr oder weniger einfarbig braun (nicht schwarz). Im Flug und bei starkem Sonnenlicht allerdings wirkt auch der Schwarzmilan verwirrend „scheckig", irgendwie doch mehrfarbig, ähnlich wie der große Bruder. Du solltest dir deshalb jeden großen Vogel mit Gabel im Schwanz genauer ansehen. Wenn er dann die Schwanzfedern in die Sonne dreht und es leuchtet rot auf, hast du einen Rotmilan vor bzw. über dir. Glückwunsch, denn der rote Milan ist viel seltener zu sehen als der weltweit verbreitete und häufige Schwarzmilan. Auch Weihen sehen ähnlich aus, haben aber keine Gabel.

GARTENBAUMLÄUFER

Certhia brachydactyla

GRÖSSE: 12 – 13,5 cm **GEWICHT:** 7 – 11 g **BEI UNS:** ganzjährig
STIMME: leise aufsteigend „Tit-titeroitit", Ruf „Tit, tit, tit" `026`

EINBAHNSTRASSE Baumläufer laufen Baumstämme hinauf und suchen in den Ritzen mit ihren gekrümmten Schnäbeln nach Nahrung. Allerdings können sie nur nach oben klettern, jeder Stamm ist eine Einbahnstraße. In der Krone angekommen, verlassen sie den Baum durch einen kurzen Flug zum nächsten. Dadurch entsteht ein Auf und Ab: hochklettern, zum nächsten Baum nach unten fliegen, wieder hochklettern und so weiter.

RAUER BURSCHE Baumläufer lieben rissige Rinden, denn sie sind Höhlenbrüter, oder besser gesagt Spaltenbrüter. Sie bauen ihre Nester in den Spalten, die entstehen, wenn sich tiefe Risse in der Borke bilden oder Rindenstücke abplatzen. Insofern mögen sie alte Baumbestände, auch auf Obstwiesen.

WO ZU BEOBACHTEN Im Wald, in Parks und Gärten mit genügend großen und alten Bäumen keine Seltenheit. Oft nicht zu sehen, dafür aber zu hören.

MERKMALE Der Gartenbaumläufer ist ein zarter, kleiner Vogel mit guter Tarnung. Das Gefieder ist bei einer hellen Unterseite oberseits braun mit zarten hellen Flecken und ähnelt einem Stück Borke. Manche nennen sie deswegen „wandernde Borke". Der dunkle Schnabel ist wie eine gebogene Pinzette zum Aufsammeln der Insekten geformt. Der Gesang ist zart, eine kurze Strophe, die leicht nach oben hin ansteigt.

ÄHNLICHE ART An **Waldbaumläufer** und Gartenbaumläufer beißen sich selbst erfahrene Vogelbeobachter die Zähne aus. Zwillingsarten heißen sie nicht von ungefähr. Rein optisch kannst du sie zwar unterscheiden, aber meist nur mithilfe von Fotos. Der Gesang ist eine eindeutige Bestimmungshilfe.

WALDBAUMLÄUFER

Certhia familiaris

GRÖSSE: 12 – 13,5 cm **GEWICHT:** 7 – 11 g **BEI UNS:** ganzjährig
STIMME: zarter Gesang, erinnert an eine Blaumeise; Ruf „Sri" 027

NAMENSGEBEND Der Waldbaumläufer ist ein reiner Waldbewohner. Du findest ihn überall da im Wald, wo dieser tief und groß ist und viele Bäume stehen. Er ist nicht überall häufig, offene Landschaften meidet er ganz. Dafür sind Waldbaumläufer sehr standorttreu, auch nach über 20 Jahren findet man an bekannten Stellen noch Nachfahren und Artgenossen dieses zarten Sängers im gleichen Revier.

WO ZU BEOBACHTEN Im Mischwald zu finden. Der Waldbaumläufer liebt Inseln von Nadelwald zwischen Laubbäumen oder auch anders herum. Je höher die Wälder liegen, umso häufiger wird er. Alte Bäume mit vielen Rissen und Spalten sucht er im Wald gezielt auf. In Parks oder großen Gärten viel seltener.

MERKMALE Das Bauchgefieder ist heller, fast weiß im Gegensatz zum Gartenbaumläufer, oberseits ähneln sie sich sehr. Auch der Schnabel ist beim Waldbaumläufer etwas kürzer. Sein Gesang erinnert an den der Blaumeise, ein leises Piepen, schneller werdend mit einem kleinen Triller am Ende. Seine feinen Rufe gleichen denen der Zwillingsart, sind aber deutlich zarter.

ÄHNLICHE ART Sie machen es einem nicht leicht, die Baumläufer. Um sie optisch zu unterscheiden, brauchst du beide Baumläufer nebeneinander, auf demselben Baum, schön stillhaltend oder gleich auf einem jeweils guten Foto oder „in der Hand", wie es die Beringer sagen. Aber dass es ein Baumläufer ist, erkennst du allemal. Die Engländer haben es dagegen leicht: Bei ihnen gibt es nur Waldbaumläufer!

SUMPFMEISE

Poecile palustris

GRÖSSE: 11,5–13 cm **GEWICHT:** ca. 30 g **BEI UNS:** ganzjährig **STIMME:** ruft deutlich und oft „Psittje, psittje, de, de de, de, de", Gesang „Zje, zje, zje" `028`

BASISMEISE Eine Blaumeise ist blau. Eine Kohlmeise ist kohlschwarz, vor allem am Kopf. Eine Haubenmeise hat eine Haube. Die Sumpfmeise ist dagegen im wahrsten Sinne des Wortes unscheinbar. Eine einfache schwarze Kopfplatte, der Rest des Körpers ist braungrau-gelblich. Die Engländer zählen sie deswegen scherzhaft zu den „Basis-Meisen". Ihre Körpermerkmale bilden eine Art Grundausstattung der Meisen: runder Körper, runder Kopf mit winzigem Schnabel. Nicht besonders farbig, graubraun und schwarz. Fertig ist die Meise.

DOCH EIN WALDVOGEL Sie ist in Europa etwa fünfmal häufiger als ihre Zwillingsart, die Weidenmeise. Zwischen Russland und der östlichen Paläarktis gibt es ein riesiges Gebiet, wo nur Weidenmeisen vorkommen, die wohl auch weltweit häufiger sind.

Im Gegensatz zur sehr ähnlichen Weidenmeise ist die Sumpfmeise deutlich mehr im Wald anzutreffen. Auch an den Futterplätzen in den Siedlungen sieht man Sumpfmeisen sehr oft. Im Wald sucht sie vor allem im Winter die Bereiche mit Nadelwald auf, weil sich ihre Diät in der kalten Jahreszeit auf Kiefern- und Fichtensamen konzentriert. Diese hortet die kleine Meise auch an versteckten Stellen, aber meist nur für kurze Zeit. Die zum Beispiel in rissiger Rinde festgesteckten Schätze werden aber immer wieder von Mäusen „geklaut".

STANDORTTREU Die Sumpfmeise ist ein ganz besonders entschiedener Standvogel. Ihre Bereitschaft, weiter weg zu ziehen, ist äußerst gering. Durch Beringung und Auswertung von Wiederfunden ist bekannt, dass die jungen Meisen meist nur wenige Hundert Meter vom elterlichen Brutplatz entfernt versuchen, selbst zur Brut zu schreiten. Diese Treue, verbunden mit dem ganzjährigen Ausharren im nahen Umkreis, hat den Vorteil, dass das Revier gut gehalten und verteidigt werden kann. Das tun die Sumpfmeisen-Männchen schon ab Mitte Dezember mit Nachdruck. Harte Winter bekamen den sehr territorialen, sturen Meisen früher schlecht, da sie trotzdem an Ort und Stelle ausharrten. Inzwischen fällt dies nicht mehr so ins Gewicht.

WO ZU BEOBACHTEN Keine besondere Vorliebe für sumpfige Gegenden. Der Name ist irreführend. Bevorzugt Rotbuchen- und Eichen-Hainbuchenwälder. Brütet am liebsten in natürlichen, nicht von Spechten gebauten Höhlen und benötigt daher viele alte und tote Bäume. Hält sich gerne am Waldrand auf, wo es niedrige Äste, Unterwuchs und Büsche gibt, um im Sommer die Blätter und Äste nach kleinen Insekten und Spinnen abzusuchen. Turnt schon mal beobachterfreundlich in Augenhöhe herum und nicht in 25 Metern Höhe in den Baumkronen. Im Winter oft am Boden auf Nahrungssuche.

MERKMALE Die Sumpfmeise hat einen schwarzen Kopf, einen ebensolchen Fleck an der Kehle und einen braunen Körper mit hellerem Bauch. Auffällig ist die Stimme der sehr gesprächigen Meise. Das gerufene „Psittje, psittje" hört man viel. Auch der Gesang ist hilfreich bei der Suche. Der Kopf der Sumpfmeise soll glänzend sein, aber das ist oft schwer zu erkennen und ein ungenaues, sehr relatives Merkmal. Schön passend dazu der niederländische Name: Glanskop (und Matkop für die Weidenmeise).

ÄHNLICHE ART Die **Weidenmeise** (S. 91) ist auch eine „Basismeise" und hat wie die Sumpfmeise einen schwarzen Kopf, einen ebenso schwarzen Kehlfleck und ein ansonsten bräunliches Gefieder – zum Verwechseln und Verzweifeln ähnlich. Erst vor 200 Jahren haben Vogelkundler überhaupt festgestellt, dass es zwei Arten sind. Wäre da nicht die Stimme. Weidenmeisen rufen ein deutlich mehr gedehntes und tieferes „Däh, däh", der Gesang klingt wie verlangsamt und eine Terz tiefer als bei der Sumpfmeise.

GRÜNFINK GRÜNLING

Chloris chloris

GRÖSSE: 14 – 16 cm **GEWICHT:** 23 – 27 g **BEI UNS:** ganzjährig
STIMME: ruft kurz „Juit" oder „Jüpp", klingt schnell gereiht wie
ein Knattern, oft gedehnt „Drüüüh" `029`

„UNREIFER" KANARIENVOGEL Der Grünfink ist sehr zahlreich und schafft mit bis zu 2
Millionen Brutpaaren immerhin Platz 13 auf
der Liste der häufigsten Brutvögel in Deutschland. Deshalb sind seine Rufe wirklich vielerorts zu hören. Zum Gesang gehört ein lautes
lang gezogenes „Dschiehht", sonst klingt der
Grünfink ein wenig wie ein Kanarienvogel,
allerdings weniger abwechslungsreich. Der
Grünfink ist sehr ruffreudig und im Frühjahr
ist seine Stimme – insbesondere der „Drüüüh"- oder „Dschiehht"-Ruf, allgegenwärtig.
In vielen Regionen heißt der Grünfink auch
Grünling.
Er bildet nach der Brutzeit oft große Gruppen,
auch zusammen mit andern Finkenarten. Bei
uns ist der Grünfink Teilzieher, manche Vögel
ziehen, manche nicht. Wie bei etlichen anderen Arten auch, werden im Herbst und Winter
die Bestände in unseren Breiten durch Zuzüg-
ler aus dem Nordosten Europas aufgefrischt.
Manche „unserer" Grünfinken ziehen dann
ein Stück weiter nach Südwesten ab, fast als
würden sie Platz machen.

STADT, BAUM, WALD, EGAL: ÜBERALL Der
Grünfink ist sehr vielseitig und lebt im Wald
ebenso gerne wie mitten in der Stadt. Er brütet mit Vorliebe in Büschen und Hecken, daher
ist der tiefe Wald nicht seine Sache. Ehrlich
gesagt ist der Grünfink mehr ein Stadtvogel,
ein Vogel, der die Nähe zum Menschen dem

Wald offenbar deutlich vorzieht. In Deutschland ist er da am häufigsten, wo flächendeckend die meisten Menschen leben: im Ruhrgebiet. Dabei ist seine Nähe zu menschlichen Siedlungen noch relativ neu. Man vermutet, dass der Grünfink erst ab ca. 1850 begann, in unsere Siedlungen einzuwandern. Allerdings wurden ab etwa dem gleichen Zeitraum die Städte immer mehr begrünt und dadurch die Voraussetzungen zur Besiedlung vieler Vogelarten erst geschaffen. Dennoch ist der Grünfink im Wald ein wichtiger Bestandteil der Vogelfamilie.

Als Kulturfolger hat der Grünfink es weit gebracht. Ähnlich wie der Haussperling ist er sogar bis nach Neuseeland mitgereist, also mitgenommen worden.

WO ZU BEOBACHTEN Am Waldrand und in der Nähe von Lichtungen zu finden. Bevorzugt offene, baumbestandene Flächen gegenüber dichtem, tieferem Wald. Läuft wie der Buchfink gerne über den Boden und legt dabei immer wieder kurze Strecken mit Trippelschritten zurück. Auffällig ist ein oft wellenförmiger Flug, der mit einem kurzen Schwebflug vor dem Landen beendet wird.

MERKMALE Der Grünfink ist ein typischer Fink, ein recht kräftiger Singvogel mit einem starken, kegelförmigen hellen Schnabel, etwa so groß wie ein Haussperling. Am ganzen Körper ist er zwar meist grün (chloris bedeutet „grün"), er müsste aber eigentlich Gelbgrünfink heißen. An Kehle, Stirn und auch am Bauch wirken die grünen Federn wie gelb überhaucht – wie gut du das sehen kannst, das hängt vom Licht ab. Am äußeren Rand der Flügel sind zwei deutlich gelbe Stellen im Sitzen wie im Fliegen immer gut zu sehen. Die mittleren Abschnitte der Handschwingen sind gelb – das siehst du gut im Flug. Wenn der Vogel die Flügel zusammenlegt, entsteht am Rand ein kräftiger gelber Streifen, je nachdem wie eng er den Flügel hält. Auch der finkentypisch gekerbte Schwanz hat gelbe Außenfedern, die man besonders deutlich sieht, weil der Schwanz eine fast schwarze Endbinde hat. Das Weibchen (oben) ist mehr gräulich-grün, das Gelbliche ist bei ihnen viel schwächer ausgeprägt.

ÄHNLICHE ART Der **Erlenzeisig** (S. 131) ist viel kleiner und hat einen schwarzen Kopf. Nur junge Grünfinken sind ähnlich gestrichelt. Junge **Stieglitze** (S. 92) haben noch kein Rot und Schwarz am Kopf, dafür sind die gelben Streifen im Flügel viel breiter.

UNSER BILD VOM WALD

Dunkler Tann und Märchenwald

LIEDERWALD In meiner Jugend gab es ein bekanntes Kinderliederbuch in zwei Bänden, einen gelben und einen blauen. Als Kind habe ich mir intensiv die Bilder darin angesehen. Sie stammten von Paul Hey (1867 – 1952) und sie beeindrucken mich noch heute. Zu Liedern und Textstellen passend („Ein Männlein steht im Walde", „(...) der Wald steht still und schweigend" etc.) war der Wald ein wichtiges Thema. Aber was für ein Wald? Es waren dunkle, tiefe Nadelwälder, die in den naturalistischen Abbildungen dominierten. Wie kommt das? In Mitteleuropa sah der Wald ursprünglich ganz anders aus. Laubwälder bedeckten lange Zeit große Teile des Landes.

WALDHEIMAT Als die Menschen noch keine festen Häuser hatten, war der Wald ein natürlicher Lebensraum. Er war Lieferant für Bau- und Brennstoff, vor allem Holz, ein Ort zum Leben, zum Jagen. Und er war ein Ort der Gefahr, ganz allgemein wegen der Lebensbedingungen in der rauen Natur.

GEFÄHRLICHES TERRAIN? Im Mittelalter fühlte man sich hinter den Mauern von Städten und Burgen relativ sicher. Alles, was draußen war, galt als unsicher und finster. Vielfach wurde der Wald mit der Bedrohung durch die Außenwelt gleichgesetzt.
Dabei waren die Wälder inzwischen nicht mehr wiederzuerkennen – die unendlichen Laubwälder Mitteleuropas waren weitläufig gerodet worden und wurden von Viehherden lückig und kurz gehalten. Höhenzüge wie der Teutoburger Wald waren um 1500 mehr oder weniger kahl – die Römer hätten sich nicht mehr so leicht verirren können.

FINSTERE WÄLDER SELBST GEMACHT
Die moderne Forstwirtschaft begann ab dem 18. Jahrhundert, neue Bäume zu pflanzen,

Nadelbäume, die schnellen Wuchs und Ertrag versprachen. Es ist dieser Nadelwald, der als „dunkler Tann" in den Köpfen der Menschen noch heute herumspukt. Meist ist das, was Tanne genannt wird, tatsächlich eine Fichte.

GEHEIMNISVOLL, UNHEIMLICH, ABEN-TEUERLICH Heldin oder Held begeben sich im Märchen zumeist auf eine Reise in die Welt hinaus, verlassen das sichere Heim oft un-freiwillig – fast schon automatisch müssen sie dabei durch einen Wald. Dieser ist unheimlich, man denke nur an „Hänsel und Gretel" oder an „Rotkäppchen und der Wolf". Märchen-ähnliche Bücher, seit Mitte des 20. Jahrhun-derts massenhaft verbreitet, wie „Der Hobbit" oder die „Harry Potter"-Reihe erzählen vom Wald als Ort der Gefahren, aber auch der Prüfung und der Läuterung. Bäume können Segen bringen, im Verbund eines Waldes aber auch Gefahr.

URDEUTSCH Das Zeitalter der Romantik setzte gegen die zunehmende Verstädterung den Wald als Sehnsuchtsort, wo der Mensch unverfälscht sein kann, „im Hallraum der Seele" (Joseph von Eichendorff). Der Wald wurde zum Inbegriff für das, was als „germa-nisch" oder „deutsch" galt. Die Geschichte der Deutschen wurde umgedeutet. Tacitus (53–120) und sein Werk „Germania" erlebten eine Wiederentdeckung, von Jacob Grimm (1785–1863) befördert. Der sammelte nicht nur Märchen, sondern glaubte als bedeuten-der Sprach- und Literaturwissenschaftler in waldreichen Gegenden die besten, ursprüng-lichsten Märchen zu finden.
Die von Tacitus beschriebenen „Germanen" lebten allerdings eher in seiner Fantasie, als in den Wäldern zwischen Rhein und Elbe. Die Inhalte seiner „Germania" würden wir heute als „Fake News" einordnen, dennoch, oder gerade deswegen, erlebte das Germanische einen gewaltigen Aufschwung. Die Romanti-ker glaubten, dass die Kultur der „Germanen" ihren Ursprung im Wald hatte.. Es entstand ein Bild des Waldes als Ort, wo die Germanen frei und wild hausten. Dieses Bild griffen die Nationalsozialisten dankbar auf. Das „Germa-nische" als positiver Mythos hat seitdem einen

ziemlichen Dämpfer bekommen, aber der Wald als Naturmythos überstand die Zeit der Hitler-Diktatur.

SEHNSUCHT NACH ABENTEUERN Märchen und Sagen sind von der Wirklichkeit weit entfernt. Je mehr wir uns vom realen Wald entfernten und je mehr er unseren wirtschaft-lichen Zielen dienen musste – umso mehr sehnen wir uns heute nach der unberührten Natur eines Urwaldes, den wir eigentlich gar nicht kennen. Die Diskrepanz von Vorstellung und harter Wirklichkeit fördert heute neue romantische Bilder des Waldes, in denen die Bäume als Brüder angesehen werden, die wir umarmen wollen. Ob das dem Wald hilft, bleibt abzuwarten, die Geschichte der Wald-mythen lässt Zweifel zu.

WINTERGOLDHÄHNCHEN

Regulus regulus

GRÖSSE: 8,5–9,5 cm **GEWICHT:** 4,6–8,4 g **BEI UNS:** das ganze Jahr
STIMME: dünnes, hohes „Si-ser-si-ser-si-ser" mit Schlusston „Schrumm" `030`

FICHTENLIEBHABER Wintergoldhähnchen sind winzig klein und halten sich bevorzugt in den höchsten Baumspitzen auf. Sie sind unglaublich beweglich und partout nur kurz an einer Stelle. Wintergoldhähnchen haben eine Vorliebe für Nadelbäume, vor allem Fichten, aber auch Tannen. Sie jagen zwischen den Nadeln winzige Insekten. Wenn du sie gehört hast, lege dich unter einer Gruppe Fichten auf den Boden. Das ist besser für den Nacken, leicht zu entdecken sind die flinken Winzlinge nicht.

WO ZU BEOBACHTEN Vor allem in höheren Lagen zu finden, wo Nadelbäume auch ohne menschliches Zutun häufig sind.

MERKMALE Wintergoldhähnchen sind die kleinsten Vögel Europas. Sie sind kugelrund, oberseits olivgrün und unterseits hell. Der spitze Schnabel ist schwarz. Der meist gelbe Federschopf wird durch schwarze Federn eingegrenzt und bei Erregung aufgestellt. Auf dem Flügel tragen sie weiße Abzeichen, die durch dunkle Federpartien hervorgehoben

werden. Der Gesang ist ein zartes, deutliches Auf-und-Ab, das mit einem deutlichen „Schrumm" abgeschlossen wird.

ÄHNLICHE ART Das **Sommergoldhähnchen**. Wesentlich für die Unterscheidung ist dessen weißer Streifen über den Augen. Der Gesang des Sommergoldhähnchens ist etwas einfacher, ohne „Schrumm".

SOMMERGOLDHÄHNCHEN

Regulus ignicapilla

GRÖSSE: ca. 9 cm **GEWICHT:** 4,9 – 7,8 g **BEI UNS:** das ganze Jahr, teilweise Zugvogel **STIMME:** dünnes, hohes "Si-si-si-si-si", auf einer Tonhöhe `031`

MISCHWALDTYP Sommergoldhähnchen leben in Fichtenforsten, in die Laubbäume eingestreut sind. Sie haben ein kleines Verbreitungsgebiet – Deutschland beherbergt 30 Prozent des Weltbestandes. Die kleinen Vögel sind eher an das wärmere atlantische Klima angepasst und im Westen häufiger. Das ähnliche Wintergoldhähnchen ist wetterhärter, es kommt auch im Osten vor.

FIRECREST Die Feuerkrone des Männchens ist meist orangerot, wie ein kleines Feuer. Wenn der Träger wegen irgendeiner Sache aufgeregt ist und die Federn zu Berge stehen, sieht man das gut. Beim Zwilling, dem Wintergoldhähnchen, kommt das Orange im Schopf nur bei Aufregung zum Vorschein.

WO ZU BEOBACHTEN Bevorzugt einzelne Fichten ohne dichten Wald. Deswegen auch in Parks, Gärten und Friedhöfen zu finden.

MERKMALE Sommergoldhähnchen sind olivgrün auf der Oberseite, die Unterseite ist fast weiß. Am Kopf fällt ein deutlicher weißer

Überaugenstreif auf, dadurch wirkt der Vogel bunt. Der Gesang des Sommergoldhähnchens ist einförmiger als der von Wintergoldhähnchen, es ist ein einfaches hohes und feines Wispern ohne Schwankungen.

ÄHNLICHE ART Das **Wintergoldhähnchen** ist unscheinbarer gefärbt, der Federschopf ist meist nur einfach gelb und der weiße Überaugenstreif fehlt.

FITIS

Phylloscopus trochilus

GRÖSSE: 11–12,5 cm **GEWICHT:** 6,5–11,8 g **BEI UNS:** nur im Sommer
STIMME: feine, abfallende Strophe, ähnlich dem Buchfinken, klingt wie
„Di di di di, düeh, düeh, düeh, dea dea dea" **032**

LAUBSÄNGER OHNE WALD Wo im Wald die Bäume fehlen, fühlt sich der Fitis wohl. Stromleitungen, unter denen der Wald immer wieder zurückgeschnitten wird, sind kilometerlange Fitis-Wohnsiedlungen. Auch Kahlschläge, Flächen mit Sturmschäden oder Käferfraß ziehen ihn an.

ZWILLING Der Zilpzalp ist dem Fitis sehr ähnlich. Fehlerfrei kann man beide nur durch den Gesang unterscheiden. Beide sind froh, dass sie sich so unterscheiden können. Sehr selten ist eine Verbindung von Vater Fitis mit Mutter Zilpzalp oder andersherum. Das Ergebnis sind Mischsänger, die beide Gesänge kombinieren. Wenn du das hörst, bist du erstaunt, fasziniert und später nachdenklich. Dieser kleine Vogel wird kaum jemanden finden, der ihn versteht.

WER DEN FITIS KENNT, IST VERLOREN
Wenn du Vogelstimmen lernst, gehört der Fitis in den fortgeschrittenen Bereich. Er ist nicht selten, aber auch nicht so häufig, dass du den Gesang schnell erlernst. Zudem ist er nicht ganz leicht von vielen anderen Gesängen zu unterscheiden. Wenn es dir gelingt, erwartet dich im nächsten Frühjahr beim Wiedererkennen ein Glücksmoment. Fühlt sich an wie ein Schwimmabzeichen. Nun kannst du zum lebenslang „verrückten" Vogelbeobachter werden – und bist nicht mehr zu retten!

WO ZU BEOBACHTEN Überall am oder im Wald zu finden, wo Unterwuchs, Büsche und junge Bäume dominieren.

MERKMALE Typischer kleiner grauer Vogel mit mehr Grün als beim Zilpzalp und einem deutlichen Überaugenstreif.

ÄHNLICHE ART Laubsänger, wie **Waldlaubsänger** (S. 102) und **Zilpzalp** (S. 32) und manche Grasmücken sind optisch ähnlich.

WEIDENMEISE

Poecile montanus

GRÖSSE: 11,5–13 cm **GEWICHT:** ca. 30 g **BEI UNS:** ganzjährig
STIMME: ruft kräftig gedehnt „Däh-däh"; Gesang eintönig „Ziüe-ziüe-ziüe" 033

TRICKY Die Weidenmeise macht es dir nicht leicht, sie sieht der Sumpfmeise außerordentlich ähnlich. In den Bergen heißt sie Mönchsmeise, wegen der schwarzen Kopfplatte, die wie bei der Mönchsgrasmücke an eine Tonsur erinnert.

HÖHLENBAUMEISTERIN Im Gegensatz zu anderen Meisenarten baut die Weidenmeise ihre Höhle selbst. Weil sie kein Specht ist, sondern eine zarte Meise, braucht sie dafür morsches, weiches Holz. Die Bruthöhlen „pult" sie eher aus dem weichen Holz, als sie herauszuhauen. Geeignetes Weichholz findet sie leichter in Gewässernähe. Deshalb ist sie kein absoluter Waldvogel. Gerne baut sie vorhandene Löcher aus. Sogar alte Weidepfähle werden angenommen. Diese also besser stehen lassen – natürlich ohne den Stacheldraht.

WO ZU BEOBACHTEN Selten in Gärten und Parks anzutreffen. Lebt auch hoch in den Bergen, wo sie die Nähe zu Nadelbäumen sucht, aber dichte Wälder meidet. Sonst in der Nähe von Gewässern mit Weiden – den Bäumen und den Grünland-Flächen – zu finden.

MERKMALE Schwarze Kopfplatte, sonst graubraun, Unterseite hell. Das Schwarz auf dem Kopf ist matt, nicht glänzend. Dunkler, ausgedehnter Kehlfeck. Auffällig, weil gedehnte und tiefe Stimme.

ÄHNLICHE ART Die Kopfplatte der **Sumpfmeise** (S. 82) ist eher glänzend, der Kehlfeck ist oft kleiner. Weidenmeisen haben ein helles Feld auf den Armschwingen, Sumpfmeisen nicht. Entfernt der **Mönchsgrasmücke** (S. 66) ähnlich, die größer ist, keinen schwarzen Kehlfeck und dunkle Wangen hat.

STIEGLITZ DISTELFINK

Carduelis carduelis

GRÖSSE: 13 cm **GEWICHT:** 13 bis 19 g **BEI UNS:** ganzjährig **STIMME:** ruft seinen Namen „Stieglit, Stieglit"; Gesang mit ähnlichen Rufen, dazu Triller und viel Gezwitscher; auch die Weibchen singen 034

SCHÖNLING Wenn der wüsste, wie schön er ist. Tatsächlich ist der Stieglitz nicht nur der schönste Fink, sondern bei uns auch einer der schönsten und buntesten Vögel überhaupt. Das wussten schon unsere Vorfahren und der Stieglitz war jahrhundertelang ein sehr beliebter Stubenvogel, sogar schon bei den Römern. Das brachte ihm frühen Ruhm und wohl auch viel Leid, denn die hübschen Vögel wurden massenweise gefangen, in Käfige verfrachtet und angebunden. Sicher war die Haltung nicht „artgerecht", auch nicht bei der Zucht, denn man konnte sich ja immer wieder leicht Nachschub besorgen. Noch heute werden manchmal vom Zoll Laster beschlagnahmt, in denen Singvögel, meist sind Stieglitze dabei, illegal gehandelt werden. Denn bei uns dürfen frei lebende Vögel nicht mehr gefangen oder verkauft werden.

MODEL-VOGEL Aufgrund seines schönen bunten Federkleids schaffte er es vor vielen anderen Vögeln auf die Leinwand und in die Kunst. Beliebt war das Motiv der „Madonna mit dem Stieglitz" von Raffael, Tiepolo oder anderen Malern des Barock – überall findet man den kleinen bunten Vogel. Zur Zeit der Pest galt er als Beschützer und Talisman. Ganz schön berühmt wurde er auch durch einen modernen Roman, in dem ein Bild vom Distelfink, gemalt von Carel Fabritius, ein große Rolle spielt. So berühmt, dass manche Menschen beim Erwähnen des Vogelnamens murmeln: „Ach, der aus dem Buch!".

LIEBT ES ÖDE Im Gegensatz zu seinem schmucken Äußeren ist der Distelfink häufig auf für unsere Augen wenig schönen Brachen und ungenutzten Grundstücken zu finden.

Er liebt Straßenränder und verlassene Gärten. Die Distel im Namen zeigt seine Vorliebe für die Samen dieser und ähnlicher hoch wachsenden Pflanzen, die von den meisten Menschen als „Unkraut" abgetan werden. Im warmen Süden Europas ist der Distelfink deshalb viel an Straßenrändern, in Dörfern und Städten zu finden, wo es viele nicht oder wenig genutzte Flächen gibt. Durch den Klimawandel scheint der Stieglitz sich bei uns ganz offenbar immer wohler zu fühlen. Jedenfalls nehmen die Bestände wenigstens in einigen Regionen zu. Andere beklagen die unordentlichen Wiesen und Feldränder mit vertrockneten Stauden, dem Stieglitz gefällt's. Weil es aber bei uns vielfach in der freien Landschaft an genügend „öden" Flächen mangelt, finden sich die meisten Stieglitze in urbanen Bereichen.

WO ZU BEOBACHTEN Vermutlich früher in trockenen und lichten Laub- und Kiefernwälder zu Hause, schätzt aber keine geschlossenen Wälder. Inzwischen vermehrt am Waldrand zu entdecken, wenn er hoch in den Bäumen sein lustiges, zwitscherndes Lied ertönen lässt. Wichtig sind in der Nähe liegende Wiesen und Weiden. Mag auch gerne Obstwiesen, Feldgehölze und Alleen. Zusammengefasst kann man den idealen Lebensraum des Stieglitzes so definieren: „baumreiches, offenes Gelände".

MERKMALE Besonders herausstechend ist der rote Fleck im Gesicht rund um den Schnabel und um die Augen. Der Rest des Kopfes ist oben am Scheitel bis in den Nacken und in einem feinen Strich bis zum Hals schwarz und sonst weiß. Seine Flügel sind schwarz mit einem breiten goldgelben Streifen, der auch im angelegten Zustand sehr gut zu sehen ist. Im Sitzen siehst du deutliche weiße Flecken auf den dunklen Handschwingen. Im Flug öffnet sich ein spektakuläres gelbes Flügelband, das dem Vogel im Englischen den Namen „Goldfinch" eingebracht hat. Der Schwanz ist wie bei Finken üblich gekerbt und hat ebenfalls auffällige weiße Flecken. Stieglitze sind sehr rufffreudig; besonders in Trupps hörst du ständig das namensgebende „Stieglit".

ÄHNLICHE ART Keine.

GARTENGRASMÜCKE

Sylvia borin

GRÖSSE: ca. 13 – 14 cm **GEWICHT:** 15 – 23 g **BEI UNS:** Ende April bis Anfang Sept. **STIMME:** Rufe hektisch gereiht „Tschäck, tschäck, tschäck"; Gesang ähnlich Mönchsgrasmücke, kürzer und weniger abwechslungsreich 035

WEIT GEREIST Die Gartengrasmücke ist von Anfang September bis Ende April nicht bei uns zu Hause, sondern auf dem Zug. Sie fliegt sogar bis weit über die Sahara hinaus. Es ist schwer vorstellbar und ziemlich beeindruckend, dass dieser kleine, unauffällige Vogel eine solch enorme Leistung vollbringt. Im Spätsommer schlägt sie sich den Bauch mit Beeren und Früchten ordentlich voll und legt dicke Fettpolster an, die sie auf dem anstrengenden Flug verbraucht. Umso wichtiger sind Waldränder, die reichlich Büsche und Sträucher aufweisen und genug Beerennahrung anbieten. Lange Strecken fliegt sie ohne Nahrung, so z. B. über das Mittelmeer. Wie viele Singvögel zieht die Gartengrasmücke nachts und rastet tagsüber, wo es geht. Auf dem Zug findet sie immer seltener die nötigen „Tankstellen", um die Fettreserven aufzufüllen, und die Winterquartiere in der Sahelzone schwinden. Wie fast alle Langstreckenzieher nimmt daher auch die Gartengrasmücke in Deutschland und der Schweiz seit etwa 25 Jahren im Bestand ab. In Österreich gilt sie teilweise als seltener Brutvogel.

HARTE NUSS Der Gesang hilft, wie so oft, enorm bei der Bestimmung. Bei der Gartengrasmücke führt er allerdings zunächst in die Irre. Leider. Der Gesang der Mönchsgrasmücke ist frappierend ähnlich. Auch erfahrene Vogelbeobachter müssen sich jedes Jahr aufs Neue „einhören" in die Unterschiede zwischen den beiden Arten. Zudem klingt kein

Vogel exakt wie der andere, immer wieder gibt es individuelle Abweichungen und Besonderheiten im Gesang einzelner Tiere. Beide Arten singen auch gerne mal durcheinander aus einem Busch. Man könnte verzweifeln. Dazu kommt, dass die Gartengrasmücke sich wenig zeigt, noch weniger als die ohnehin häufigere Mönchsgrasmücke: Meist ist sie nur kurz zu sehen und huscht weiter. Trotz aller Schwierigkeit ist der Gesang also trotzdem deine beste Chance, sie zu entdecken.

OHNE PAUSE Gartengrasmücken singen gründlicher und ausdauernder als ihre nahen Verwandten. Das kann dir als Richtschnur dienen. Nach jedem Lied macht die Gartengrasmücke nur eine sehr kurze Pause, um sofort in gleichem Ton „schnell sprudelnd" weiterzusingen. Ihr schöner Gesang ertönt beinahe pausenlos aus dem ersten Stock der Vegetation, den niedrigen Büschen und Hecken. Sie ist eine „Quasselstrippe im ersten Stock". So kannst du dir Ort und Gesangsart der Gartengrasmücke vielleicht besser merken. Mönchsgrasmücken singen sehr viel gemächlicher und weitaus melodischer mit längeren Pausen.

WO ZU BEOBACHTEN In weniger dichten Gebüschen am Waldrand und in Hecken, gerne mit Dornen, zu finden. Auch Brombeerdickichte mag sie, meidet aber Landschaften mit hohem Anteil an Nadelwald und Siedlungen. Trotz ihres Namens ist sie in Gärten viel weniger häufig als die Mönchsgrasmücke.

MERKMALE „Charakterisiert durch ein komplettes Fehlen von prominenten Merkmalen", den Satz fand ich in einem alten, britischen Vogelbuch. Höflich formuliert und völlig zutreffend. Auch viele moderne Vogelführer sind sich einig, dass genau das ein gutes Kennzeichen ist! Die Gartengrasmücke ist tatsächlich sehr unscheinbar, fast gleichförmig braungrau, unterseits etwas heller. Der Schnabel ist recht kräftig. Unterhalb der Wangen, an den Halsseiten, kann man einen grauen Streifen erkennen.
Wenn sie besonders aufgeregt ist, ergänzt sie ihr hektisches „Tschäck" noch um ein genervtes „Tscherrr".

ÄHNLICHE ART Die **Mönchsgrasmücke** (S. 66) singt sehr ähnlich, sie sieht aber deutlich anders aus. Die Männchen haben eine schwarze, die Weibchen eine braune Kappe. Viele Rohrsängerarten sind ähnlich unscheinbar braungrau wie die Gartengrasmücke. Im Gegensatz zu dieser kommen sie zur Brutzeit aber fast nur an Gewässerufern oder Wegrainen und dazu oft im Schilf oder Röhricht vor.

NILGANS

Alopochen aegyptiaca

GRÖSSE: 63–73 cm **GEWICHT:** 1500–2250 g **BEI UNS:** das ganze Jahr
STIMME: ein merkwürdiges Keuchen, Zischen oder Schnarchen 036

WO KOMMT DIE DENN HER? Man ahnt es schon, dass sie keine Einheimische ist und der Name gibt die Richtung vor. Nilgänse stammen aus Afrika. Obwohl sie fliegen können, sind sie nicht selbst von dort hierhergekommen. Die heute in Mitteleuropa brütenden Nilgänse waren ursprünglich Gefangenschaftsflüchtlinge. Sie entstammen sehr wahrscheinlich privater Haltung. Wohl schon vor 200 Jahren entkamen auf den britischen Inseln einzelne Tiere und begannen, frei zu brüten. Es gab auch mehr oder weniger absichtliche Aussetzungen. Die ziemlich exotisch aussehenden, sehr langbeinigen Gänse haben sich hierzulande seit den 1980er-Jahren von Westen her (Niederlande) angesiedelt und brüten inzwischen mit sicher deutlich mehr als 30.000 Paaren in Mitteleuropa. Vor allem in Belgien, den Niederlanden und in Deutschland. Solche nicht heimischen Tierarten nennt man Neozoen,

tierische Neubürger. Wenn sie nicht von selbst auf natürliche Weise zuwandern, sondern vom Menschen eingeschleppt werden, entstehen häufig Probleme für andere, heimische Arten. Die Neulinge beanspruchen Brutplätze für sich oder fressen Nahrung weg. Dadurch verdrängen sie oftmals andere Arten aus deren ursprünglichen Lebensräumen.

GANS IM BAUM Die meisten Gänse brüten auf dem Boden. Nilgänse nutzen gerne Höhlen, Löcher, aber auch große Nester in hohen Bäumen, um ihre Eier zu legen. Die extrem niedlichen, zweifarbigen Küken müssen nach dem Schlüpfen dann wohl oder übel springen. Trotz Höhen von 20 Metern und mehr überstehen sie dies meist unverletzt. Da die Nilgans Nester aber in der Regel nicht selbst baut und nicht immer genug verlassene Nester oder Höhlen zur Verfügung stehen,

vertreibt sie durchaus andere Arten aus deren Behausungen. Wegen ihres afrikanischen Ursprungs kennt ihre biologische Uhr gewissermaßen keine Jahreszeiten, deshalb kann sie auch mitten im Winter brüten. Das scheint ihr nichts auszumachen – es hilft aber bestimmt bei der Aufzucht der Jungvögel, dass die Winter schon seit vielen Jahren eigentlich keine mehr sind.

WO ZU BEOBACHTEN Überall zu finden, in der Stadt, im Park, im Gewerbegebiet und eben auch im Wald. Sitzt dort mitunter laut rufend in hohen Bäumen oder fliegt ausdauernd Runde um Runde um den Wald, wahrscheinlich auf der Suche nach einem Brutplatz. Ist dabei weder zu übersehen noch zu überhören.

MERKMALE Nilgänse sehen irgendwie ein bisschen verrückt aus mit ihren großen orangen Augen und dem oft wie krampfhaft hoch gehaltenen Kopf. Sie besitzen lange Beine und sind dabei sehr bunt: ein roter Fleck um die Augen, wie nach einer Prügelei, ein schöner roter Schnabel und rosa Beine. Der Körper ist leicht orangebraun mit einem dunklen Fleck auf der Brust. Die Schwungfedern sind dunkel gefärbt, deswegen fällt ein großes weißes Feld im Flügel besonders ins Auge. Dieses siehst du bei fliegenden Nilgänsen sofort und ist ein fast eindeutiges Merkmal. Im Stehen kannst du noch einen grünen Spiegel sehen. Direkt daneben ist auch bei zusammengelegten

Flügeln das weiße Flügelfeld oft sichtbar, was den bunten Gesamteindruck der Nilgans noch verstärkt. Die laut schnarchenden, äußerst merkwürdigen Rufe machen den Nachweis einer Nilgans meist selbst im Wald leicht.

ÄHNLICHE ART Nur schwer mit der **Graugans** zu verwechseln, höchstens bei sehr ungünstigen Lichtverhältnissen. Diese ist überhaupt nicht bunt und hat keine besonderen Kennzeichen, ruft auch ganz anders. Die viel seltenere Rostgans (auch gewissermaßen ein Neubürger, hat Mitteleuropa nach historischem Aussterben als Neozoon wieder besiedelt) hat im Flug ebenfalls ein weißes Flügelfeld, ist aber ansonsten auffallend gleichmäßig und einfarbig rostrot.

RESPEKT, WENN DU DIE ENTDECKST

SCHWARZSPECHT

Dryocopus martius

GRÖSSE: 45–47 cm **GEWICHT:** 260–340 g **BEI UNS:** das ganze Jahr
STIMME: laut „Kliööh" und „Krüü-krüü-krüü"; tiefes Trommeln **037**

KRÄHE AM STAMM Der Schwarzspecht sieht mit seinem kohlschwarzen Federkleid ein wenig wie eine Krähe aus und ist auch mindestens so groß wie eine. Wie alle Spechte hat aber auch er eine sehr starke Bindung an Baumstämme, dort kann man ihn gut sehen. Wenn du im Wald einen großen schwarzen Vogel siehst, der am Stamm hinaufklettert oder an einen Baum fliegt und dort wie angeklebt sitzen bleibt, kannst du sicher sein: Das ist keine Rabenkrähe. Das machen die nicht.

KRAFTPROTZ Schwarzspechte haben eine enorme Kraft, wenn es ums Hämmern geht. Selbst in dicke Buchenstämme hauen sie mit viel Ausdauer nicht nur Löcher, sondern große Höhlen, in die sie selbst mit mehreren Jungen hineinpassen, wenn auch sicher sehr beengt.

Einem Schwarzspecht zuzusehen, wie er einen morschen Stamm zerlegt, das ist ein ganz besonderer Anblick. In hohem Bogen fliegen große Späne herum. Man sieht förmlich, wie die Insektenlarven verzweifelt das Weite suchen. Wer aufmerksam durch den Wald geht, wird die Spuren einer solchen Hackaktion leicht erkennen: ein alter Baumstumpf, der aussieht, als hätte ihn jemand in die Luft gesprengt. Das war ein Schwarzspecht bei der Arbeit.

PENTHOUSEBEWOHNER Für ihre großen Höhlen brauchen Schwarzspechte dicke Bäume. Mächtige Buchen stehen ganz oben auf ihrer Immobilien-Wunschliste. Wenn es geht, bauen sie am liebsten in 15 bis 20 Meter Höhe. Dort sind nicht viele Bäume dick genug. Das schränkt die Auswahl ein. Bei schlankeren Bäumen müssen die großen Baumeister notgedrungen niedriger ansetzen, was ihnen nicht so sehr gefällt. Deshalb nutzen sie einen Trick: Sie legen Initialhöhlen an. In einen geeigneten, aber zu dünnen Stamm hauen sie ein kleines Loch, das sie Jahr um Jahr wieder besichtigen, bis der Stamm gleichsam reif und dick ist. Erst dann bauen sie weiter. Spechte suchen sich bevorzugt Stellen aus, wo der Baum durch innere Quälgeister bereits vorgeschädigt ist. Dort fällt ihnen die Arbeit leichter. Diese Stellen finden sie durch Klopfen und mit ihrem feinen Gehör; von außen siehst du dem Baum nichts an.

WOHNRAUM FÜR ALLE Viele Höhlen baut ein Schwarzspecht nicht in seinem Leben, sie machen einfach zu viel Arbeit. In der Regel wird eine Höhle pro Jahr und pro Paar gebaut. Die Höhlen werden auch oft über mehrere Jahre genutzt. Auch für andere Waldbewohner sind die großen Höhlen zur Folgenutzung attraktiv. Daher zieht direkt nach dem Ausflie-

gen der Spechtkinder meist schon der Nächste ein. Oft ist es eine Hohltaube oder eine Dohle. Manchmal sind es auch Fledermäuse oder Hornissen. Höhlen sind begehrt.

WO ZU BEOBACHTEN Liebt große Laubwälder mit altem Baumbestand, ist aber auch außerhalb der Wälder manchmal zu entdecken. Fliegt zur Nahrungssuche weit umher, auch in reine Nadelwaldbestände. Die Reviere können sehr groß sein, daher auch dort anzutreffen, wo er nicht brütet.

MERKMALE Schwarzspechte machen ihrem Namen alle Ehre, ihr Gefieder ist komplett schwarz. Sie haben eine schöne rote Haube, die bei den Männchen (rechts) über den gan-

zen Kopf reicht. Die Weibchen (links) sind nur ganz hinten am Kopf etwas rot. Der Schnabel ist groß und hellgrau. Schwarzspechte fliegen sehr kräftig und machtvoll in specht-typischen Wellen. Die Stimme ist sehr abwechslungsreich und reicht von weithin hörbarem „Kliöö-öh" bis zu einer anschwellenden Strophe von „Krüü-krüü-krüü"-Balzrufen. Das ganze Auftreten, imposante Gestalt, mächtiges Hämmern, wuchtiges Fliegen und die markante Stimme – alles passt perfekt zusammen. Einfach ein cooler Vogel.

ÄHNLICHE ART Auf den ersten Blick mit einer **Rabenkrähe** (S. 54) zu verwechseln. Die Körperhaltung ist jedoch ganz typisch für Spechte. Die Krähe hat keine rote Haube.

WALDLAUBSÄNGER

Phylloscopus sibilatrix

GRÖSSE: 11–12,5 cm **GEWICHT:** 8,5–12,5 g **BEI UNS:** April bis September
STIMME: ruft weich „Düh"; Gesang zweiteilig: zuerst typisch „Sip sip sip sip sipsipsip sirrrr!", dann folgt eine abfallende, flötende Endstrophe 038

WALDVOGEL MIT ANSPRUCH Der Waldlaubsänger wird seinem Namen gerecht, denn er ist sehr stark an dichte Wälder gebunden, vornehmlich Laubwälder mit vielen Buchen und Eichen. Er ist dabei anspruchsvoll, denn auch Nadelbäume sollten dazwischen sein, aber nicht zu viele. Hallenwälder mit großen, gleichmäßig alten Buchen, deren erste Äste sich hoch über dem Boden befinden, sind nicht das Richtige für ihn. Laubmischwälder mit vielen Lücken im Bestand sind eher sein Ding. Viele jüngere oder kleine Bäume haben hier die Gelegenheit, in geringer Höhe Äste auszubilden. Der Waldlaubsänger liebt das, was Fachleute eine „niedrige Beastung" nennen. Insofern werden gerne Waldwege mit in die Reviere einbezogen, auch gerade dann, wenn es wenige Lücken im Hochwald gibt. Insgesamt sind es die Übergangszonen, die

der Waldlaubsänger braucht: zwischen Laub- und Nadelwald, zwischen jüngeren und älteren Beständen, zwischen offen und geschlossen. Aber Wald muss es sein.

BODENBRÜTER IN NOT Weibliche Waldlaubsänger legen ihr Nest auf dem Boden an. Das Männchen hält sich aus dem Bau des aufwändigen Gebildes mit seitlichem Eingang heraus. Der Waldlaubsänger hat gleich in dreierlei Hinsicht kein leichtes Leben und seine Bestände nehmen besorgniserregend ab: Er ist Langstreckenzieher, Insektenfresser und Bodenbrüter. Die weite Zugstrecke birgt zahlreiche Gefahren für den kleinen Vogel und in Zeiten des Insektenrückgangs haben jene Arten, die auf Insekten angewiesen sind, schlechte Karten. Zudem sind Nester am Boden immer leichte Beute für viele Fressfeinde,

die den Boden nach Nahrung absuchen oder durchwühlen: Fuchs, Dachs, Baum- und Steinmarder oder auch das Wildschwein.

WIE EINE NÄHMASCHINE Immer wieder taucht eine an sich treffende Beschreibung für den Gesang des Waldlaubsängers auf. Tatsächlich singt er unverwechselbar und auffällig: Er beginnt mit einem langsamen Tickern, das immer schneller wird, bis zu einem rasanten Wirbel. Wer weiß noch auf Anhieb, wie Nähmaschinen klingen? Früher klangen sie wohl wie Waldlaubsänger-Gesang. Heutzutage rühmen die Hersteller die geräuscharme Arbeitsweise der Maschinen. Nach diesem ersten Gesangsteil folgt dann meist eine auffallende, laute Strophe mit schönen, abfallenden Flötentönen. Ein wunderbarer Gesang, der vor allem im Mai die Wälder füllt. Waldlaubsänger singen auch auf dem Zug und nicht immer wird aus einem Gesangsort auch ein Revier. Wenn das Revier fest bezogen ist, wird der zweite Teil der Strophe oft weggelassen.

WO ZU BEOBACHTEN Liebt größere Wälder. In Waldstücken zu finden, die Lücken aufweisen. Bevorzugt tiefere Lagen und Bereiche tiefer im Wald. Kann sehr standorttreu sein. Derselbe Vogel bzw. seine Nachfahren kehren nach der Überwinterung exakt in das Revier aus dem Vorjahr zurück. Sucht sich dann eine neue Heimat, wenn der Wald zum Hochwald wird und der Unterwuchs verschwindet.

MERKMALE Waldlaubsänger sehen auf den ersten Blick aus wie typische Laubsänger, meist bräunlich, klein und schlank. Bei guten Beobachtungsbedingungen mit viel Licht siehst du, dass sie sich etwas herausheben aus der Masse der anderen Arten, denn sie sind teilweise erfrischend gelblich gefärbt. Wangen und Kehle leuchten gelb über einem rein weißen Bauch. Mitunter kannst du auch einen kräftigen gelben Überaugenstreif erkennen.

ÄHNLICHE ART Zilpzalp (S. 32) und **Fitis** (S. 90) sind sehr ähnlich, aber beiden fehlt das Gelb und der deutlich weiß abgesetzte Bauch. Im Alpengebiet kommt der sehr ähnliche Berglaubsänger vor. Auch er hat einen weißen Bauch, jedoch kein gelbes Gefieder. Er ist aber viel, viel seltener und fast ganz auf die westlichen Alpen und die iberische Halbinsel beschränkt.

KERNBEISSER

Coccothraustes coccothraustes

GRÖSSE: ca. 18 cm **GEWICHT:** ca. 46–72 g **BEI UNS:** ganzjährig
STIMME: ruft scharf „Pix"; Gesang ein leises, klirrendes Schwatzen,
extrem selten zu hören **039**

RIESENFINK Der Kernbeißer hat eine Figur wie ein Catcher oder Wrestler: gedrungen und sehr kräftig. Sein Kopf ist im Verhältnis zum rundlichen Körper fast schon überproportional groß. Und er trägt eine schwarze Maske um die Augen. Ein Männchen (unten) im Prachtkleid sieht im wahrsten Sinne des Wortes prächtig aus. Allerdings ist er schüchtern und zum Leidwesen der Vogelbeobachter selten zu sehen.

SCHEUER KRAFTPROTZ Kernbeißer sind scheu und halten sich fast immer in den Wipfeln dicht belaubter Bäume auf. Du siehst sie so selten, dass der Verdacht aufkommen kann, dass sich die imposanten Singvögel regelrecht verstecken. Am Boden hält er sich nur wenig auf, dort wirkt er fast wie ein ungeschickter Fremdkörper. Als größter heimischer Fink hinterlässt er aber einen besonderen

Eindruck, wenn man ihn sieht. Er ist Teil der vielen Besonderheiten, die das Vogelbeobachten im Wald birgt. Kernbeißer sind die Nussknacker des Waldes, sie können mit ihrem Schnabel auch härtere Nüsse aufknacken. Der Schnabel ist so stark, dass er ohne Probleme Kirschkerne öffnen kann, deren Inneres offenbar eine besondere Delikatesse für den dicken Fink darstellt. Im Süden Europas nimmt er auch gerne Olivenkerne.

DER WILL EIN SINGVOGEL SEIN? Ähnlich wie der bullige Gimpel ist der Kernbeißer kein Meistersänger. Am besten erkennt man ihn durch seine Rufe, die ziemlich „kieksig" klingen und zu dem kräftigen Fink irgendwie nicht passen. Wenn man dieses harte, knackige „Pix!" hört, ist höchste Aufmerksamkeit geboten, um den Verursacher der Rufe im Blätterwerk zu entdecken. Weil diese Rufe

eine soziale Funktion haben, sieht man mit etwas Glück gleich mehrere Vögel. Fast wie ein blindes Huhn sein Korn findet, gelang es mir in der letzten Brutsaison bei einer Pause am Waldrand, ein Paar Kernbeißer zu beobachten. Das Weibchen (rechts) rief leise und bettelte das Männchen (links) an, um gefüttert zu werden. Beeindruckt von dieser Bewunderung begann das Männchen, leise zu singen. Da musst du wirklich genau hinhören, sein Gesang ist sehr leise und eine Folge von zarten Pfeiftönen. Immer wieder eingestreut werden die schon bekannteren „Pix"-Laute. Im Wald geht der sehr zurückhaltende Sänger im Getöse der Gesänge anderer Arten oft unter.

WO ZU BEOBACHTEN Besiedelt gern dichte Wälder, vor allem die mit vielen Buchen oder Kiefern. In Fichtenwäldern kaum zu finden. Meist an den Randzonen der großen Wälder anzutreffen. Lebt auch in großen Gärten und Parks mitten in der Stadt, wenn genug Bäume (mit Früchten) vorhanden sind. Tritt wie in einer Kolonie auf, wenn in sogenannten Mastjahren Buchen und andere Baumarten besonders viele Früchte hervorbringen. Die Paare brüten dicht an dicht scheinbar ohne Reviere abzugrenzen. In Mangeljahren nimmt der Bestand wieder ab.

MERKMALE Der bullige Schnabel fällt sofort auf, wenn du einen Kernbeißer erblickst: Er ist in der Brutzeit stahlblau, glänzt und ist von schwarzen Federn eingerahmt wie mit einem

schicken, gut rasierten Kinnbart. Der Kopf ist hellbraun mit einer markanten schwarzen Zeichnung nicht nur an der Kehle und um Schnabel, sondern auch um die Augen herum. Um den Nacken läuft ein breites graues Band. Der Rücken ist tiefbraun und die Flügel sind bei genauem Hinsehen sehr farbig. Bläuliche, braune, weiße und dunkle Federn geben den Flügeln ein sehr prägnantes Aussehen. Im Flug sieht man deutlich weiße Streifen auf der Flügelunter- wie -oberseite, die ein absolut charakteristisches Bestimmungsmerkmal sind. Die Schwanzspitze ist weiß bei einem deutlich abgesetzten schwarzen Schwanzansatz. Alles in allem ein sehr bunter und auffälliger Vogel, wobei der Kontrast zwischen der Gestalt und dem sehr scheuen Verhalten besonders stark auf den Beobachter zu wirken scheint.

ÄHNLICHE ART Keine.

HABICHT

Accipiter gentilis

GRÖSSE: 46–63 cm **GEWICHT:** 520 bis 2200 g **BEI UNS:** das ganze Jahr
STIMME: lautes Gickern „Gick, gick, gick!" `040`

GEIST Der Habicht ist ein sehr schneller, hoch-eleganter und riskanter Flieger. Bei der Jagd im Wald setzt er auf die Überraschung. Er jagt ungemein, fast schon unheimlich, wendig um Bäume herum und durch dichtes Geäst. Nur selten sitzt er auf hohen Warten oder kreist in der Luft, um Nahrung zu erspähen. Der Habicht wartet im Verborgenen und beob-achtet still. Dann kommt er einfach „um die Ecke". Der Wald bietet ihm ideale Deckung. Erscheint der Habicht urplötzlich wie ein Geist, ist die Not groß. Für Ringeltaube oder Amsel hat dann oft das letzte Stündlein geschlagen. Er schlägt auch kleine Säugetiere, erbeutet aber meist Vögel. Das Töten erfolgt durch den stahlharten Griff der kräftigen, krallenbe-wehrten Füße. Einen Habicht sieht man nicht kommen, wenn man Glück hat, sieht man ihn wie einen grauen Schatten verschwinden.

Dann ist der Wald sekundenlang still, bis sich die Spannung der knapp Davongekommenen mit lautem Gezeter löst.

VERRÄTERISCH Zur Balzzeit, von Januar bis März, verraten Habichte ihre Anwesenheit und ihren Brutplatz durch lautes „Gickern" – ein typisches Jäger- oder Vogelkundler-Wort. Aber es beschreibt die Laute sehr genau: Der Habicht ruft schallend und deutlich „Gick, gick, gick". Das macht er fast nur in großer Nähe zum Horst. Die Rufe tragen weit, über-hören kann man sie nicht. Unbedacht gibt der Vogel damit ein großes Geheimnis preis: Hier brütet ein Habichtspaar.

EHESTRESS Habichte leben monogam. Aller-dings sind die Kräfteverhältnisse und etliche Aufgaben, wie beim Sperber, deutlich zulasten

der Männchen verteilt. Wenn das um ein Drittel größere Weibchen mit der Brut beginnt, bringt das Männchen Nahrung herbei, um der werdenden Mutter die Jagd zu ersparen. Die Beuteübergabe wird oft von wildem Geschrei begleitet. Man könnte meinen, das kleine Männchen sei nervös, ob die große Gattin mit der Beute zufrieden ist – bedenkt man, dass manch erbeuteter Vogel so groß ist wie das Habicht-Männchen selbst. Vielleicht ist das auch nur die Sicht des solidarisch fühlenden Menschen-Männchens.

GEHASST UND VEREHRT Andere Vögel, wie Turmfalken oder Krähen, verfolgen aufgeregt rufend den „Bösewicht", um ihn zu vertreiben. Dieses Verhalten wird „hassen" genannt. Für dich kann es ein Vorteil sein, denn es macht dich auf den Habicht aufmerksam. Beim Sperber sind es die kleinen Vögel, beim Habicht die großen, die Lärm machen.
Die Menschen hassen und verehren den Habicht. Jahrhundertelang galt er als der schlimme „Krummschnabel". Als angeblicher Schädling, der kleine Hasen und Fasane schlägt, wurde er gnadenlos verfolgt. Anderseits fasziniert der Habicht als perfekter Jäger, fast wie der Hai. Bei Falknern ist er ein beliebter Beizvogel.

WO ZU BEOBACHTEN Jagt schnell und unauffällig, daher schwer zu sehen. Kreist in der Brutzeit bei gutem Wetter hoch über dem Wald, um Revieransprüche deutlich zu machen. Die Panik anderer Vögel ist ein wertvoller Hinweis. Wo das Geschrei seinen Mittelpunkt hat, da lohnt es sich immer, genau hinzusehen.

MERKMALE Die Oberseite ist schiefergrau oder bräunlich, dazu wirkt die eng gebänderte Brust wie ein schwarz-weißes Matrosenhemd. Das Weibchen ist ein ordentliches Stück größer als das Männchen (links). Die Flügel sind deutlich abgerundet, keinesfalls spitz, wie bei Falken. Der Schwanz ist schmal und lang.

ÄHNLICHE ART Der **Mäusebussard** (S. 56) ist ähnlich groß, jedoch an Brust und Bauch nicht gestreift. Er bewegt sich anders und kreist ausdauernd auf Nahrungssuche. Seine Flügel sind gleichmäßig breit und lang, der Schwanz viel kürzer als beim Habicht. Der **Sperber** (S. 108) sieht sehr ähnlich aus, ist aber viel kleiner. Große Sperber-Weibchen können mit männlichen Habichten verwechselt werden. Die Flügel des Sperbers sind weniger rund und der Schwanz wirkt länger.

SPERBER

Accipiter nisius

GRÖSSE: 29–41 cm **GEWICHT:** 137 bis 234 g **BEI UNS:** das ganze Jahr
STIMME: gickert wie der Habicht, nur höher und feiner `041`

LEISETRETER Der Sperber ist leise und scheu, daher ist es nicht leicht, ihn zu beobachten. Im Wald ist eine Beobachtung immer Glück. Dabei ist der kleine Greifvogel nicht selten und kommt auch in der Nähe des Menschen vor. In Gärten und Parks ist er häufiger als im Wald. Seine Spuren weisen immer wieder auf ihn hin. Dem getöteten Vogel reißt der Sperber, wie bei Greifvögeln üblich, die Federn heraus, bevor er ihn frisst. So entsteht eine sogenannte „Rupfung". Aus den zurückgebliebenen Federn lässt sich die Art der Beute erkennen. Meist sind es die kleinen Vögel, die dem Sperber zum Opfer fallen: Kohlmeise, Buchfink oder Haussperling.

KLEINER MANN Wie beim Habicht und vielen anderen Greifvögeln ist das Sperber-Männchen viel kleiner als das Weibchen. Dieses ist fast ein Drittel größer. Das wissenschaftliche Wort dafür ist „Geschlechtsdimorphismus". Das Männchen, „Terzel" oder „Sprinz" genannt, sieht beim Sperber auch ganz anders aus. Würde man beide Vögel nebeneinander halten, könnte man denken, es sind zwei Arten. Wie beim Habicht gibt es Beuteübergaben. Meist lässt das vorsichtige Männchen die Beute zurück, bevor das Weibchen kommt. Das passiert zur Balzzeit, wenn Geschenke gemacht werden und später in der Brutzeit. Das emsige Männchen füttert eine Weile lang das Weib-

chen, das die Brut für einige Zeit nicht verlässt. Später wird die Nahrung an die Jungen übergeben. Das kleinere Männchen muss dabei auch sein eigenes Wohlergehen im Auge haben, es könnte beim Weibchen andere Gefühle als partnerschaftliche auslösen…

DER TOD DER KLEINEN VÖGEL Die Nahrung des Sperbers sind fast immer Singvögel, die er zwischen Bäumen und Büschen jagt, seltener größere Vögel wie Tauben. Sperber sieht man nicht, man hört sie – indirekt jedenfalls. Als fast reiner Singvogeljäger ist er bei diesen ein totaler Aufreger. Entdecken sie den Sperber, bevor er sie überraschen kann, ist die Reaktion der kleinen Vögel oft spektakulär hysterisch. Sie schlagen lautstark Alarm. Spatzen stieben auseinander und flitzen in eine Hecke oder ein Gebüsch. Andere Vögel lassen sich wie Steine fallen. Ganz Mutige sausen dem tödlichen Schatten hinterher. Es gilt, den größten Feind neben der Katze zu vertreiben. Diese Reaktionen, die schrillen Rufe und das heftige Flattern der erregten Vögel musst du dir einprägen und immer, wenn du etwas Ähnliches hörst oder siehst, sofort hinsehen. Mitten im Sturm ist der Sperber.

WO ZU BEOBACHTEN Ist zwar ein Waldvogel, aber besser zu beobachten im Garten oder im Park, da es hier mehr Platz gibt zwischen den Bäumen. Brütet gerne in kleinen Fichtenschonungen, im Wald, im Park, am Stadtrand, auf dem Friedhof. Mit Glück siehst du ihn ein- oder ausfliegen. Sitzt manchmal auch in der Nähe des kleinen Horstes auf der Lauer.

Wichtig: Die allermeisten Beobachtungen gerade beim kleinen Sperber gelingen durch das Aufmerken, wenn Singvögel plötzlich laut warnen.

MERKMALE Das Männchen (links) hat eine blaugraue Oberseite, eine rötlich gefärbte Brust und Seiten. Es wirkt filigran mit schlankem Körper und langen Beinen. Das Weibchen (Mitte) ist meist graubraun auf der Oberseite, unterseits deutlich gestreift und nicht rötlich gefärbt. Die Rufe sind nicht sehr weit zu hören. Fachleute sagen, dass ein von Weitem zu hörendes Gickern in der Regel vom Habicht kommt. Die Flügel des Sperbers sind rundlich, gebaut für den wendigen Flug im dichten Gebüsch.

ÄHNLICHE ART Der **Habicht** (S. 106) ist viel größer. Sperber fliegen viel hektischer, die Gleitphasen zwischen den schnellen Flügelschlägen, für beide typisch, sind kürzer. Der Turmfalke erscheint im Flug ähnlich, hat aber längere und schmalere Flügel und einen noch längeren Schwanz.

SCHÜTZENSWERTE VIELFALT

Naturschutz im Wald

NATUR SCHÜTZEN Flächen zum Schutz der Natur sind immer dann besonders wertvoll, wenn der Mensch auf ihnen nichts tut. In einem Nationalpark, der weltweit höchsten Schutzstufe, darf deshalb der Großteil nicht menschlich genutzt werden. Dies kann bei uns fast nur in den Bergen oder im Wattenmeer so umgesetzt werden, dass die Nationalparks international anerkannt werden.

Bei der Ausweisung von Schutzgebieten und deren Nutzung muss der jeweilige Eigentümer mit einbezogen werden. Deshalb ist Waldnaturschutz nicht einfach.

WEM GEHÖRT DER WALD? Im Schnitt sind in Deutschland 50 Prozent des Waldes in Privatbesitz. Die Waldfläche wird dabei unter vielen Eigentümern aufgeteilt. Der Rest ist Staats- beziehungsweise Kommunalwald. In der Schweiz ist der private Waldanteil mit unter 30 Prozent klein, in Österreich mit über 80 Prozent wiederum sehr hoch.

WARUM EIGENTLICH? So schwierig es ist, Wald zu schützen, so wichtig ist es auch. Viele Bäume müssen ein ausreichend hohes Alter erreichen, bevor sie für Insekten und andere Lebewesen zur Lebensgrundlage werden. Biologen nennen es das „Klimax"-Stadium, das Alter, in dem Bäume sozusagen „in den besten Jahren" sind und zum Nahrungs- und Wohnungslieferanten für unzählige Arten werden. Das erreichen sie in unseren Wäldern fast nie.

Insofern liegt eine zentrale Forderung des Naturschutzes auf der Hand: Lasst den Wald wo immer es geht in Ruhe! Lasst ihn in Ruhe wachsen, gebt den Bäumen Zeit für die Reife. Besonders im Sterben oder nach dem Ab-

sterben sind Bäume herausragend wertvoll. In Urwäldern verrotten sie über lange Jahre und geben unendlichen vielen Tieren und Pflanzen damit Lebensraum. Und gerade diese auf Totholz angewiesenen Arten sind heute im Wald die gefährdetsten und seltensten.

Zudem findet sich auch bei uns eine einzigartige Form des Waldes, ähnlich dem Tropenwald: Die Buchenwälder in Mitteleuropa sind ein weltweit einmaliger Lebensraum, wenn auch weniger artenreich. Das gibt uns eine eindeu-

tige Verantwortung zum Schutz dieser Wälder. Ein moderner Grund für die Forderung nach mehr naturnahen Wäldern ist der Klimawandel. Viele Fachleute sind der Meinung, dass die Wälder, die sich selbst überlassen werden, auf Dauer mit dem Klimawandel besser zurechtkommen werden, da sie sich auf natürliche Weise an Veränderungen anpassen.

SCHUTZGEBIETE Großflächige Schutzgebiete für den Wald gibt es. Sie sind sogar Keimzellen der ersten Nationalparks wie im Bayerischen Wald. Bei der Ausweisung großer Schutzgebiete liegt der Wald immer in öffentlicher Hand. Da sich der Großteil unseres Waldes im Besitz von Staat, Kirche oder Kommunen befindet, wäre es ein gewaltiger Schritt nach vorne, würden diese Flächen dem Naturschutz zur Verfügung stehen. Doch politische Mühlen mahlen langsam.

ANFANG IM KLEINEN Viele Naturschutzbehörden versuchen in einem ersten Schritt besonders wertvolle, alte Baumbestände als „Naturwaldzellen" aus der Nutzung zu nehmen. Allerdings sind sie sehr klein. Relativ neu ist der Vertragsnaturschutz im Wald. Einzelne Bäume werden vertraglich geregelt aus der Nutzung genommen. Allerdings kommen die staatlichen Forstleute derzeit kaum zu solchen besonderen Aufgaben. Sie haben alle Hände voll zu tun, die großen Flächen toter oder absterbender Bäume zu räumen. Obwohl auch hier das einfache Liegenlassen der toten Bäume eine Option ist, auf jeden Fall für einen Teil der Flächen.

AUSGLEICH Ursprünglich war Mitteleuropa von Wald bedeckt. Heute sind 60 bis 70 Prozent der historischen Waldfläche verschwunden, bebaut oder als landwirtschaftliche Nutzfläche Grundlage unserer Ernährung. Zum Glück wurde schon früh gegengesteuert. Laut dem heutigen deutschen Bundeswaldgesetz muss jede Fläche, auf der Wald gerodet wird, innerhalb von zwei Jahren nachgepflanzt werden.

PRIVATES ENGAGEMENT Neben der umsichtigen Nutzung unserer Wälder als Ort der Erholung und natürlich auch beim Vogelgucken kannst du auch selbst aktiv beim Waldnaturschutz mithelfen. Überall bilden sich private Initiativen, die Bäume in Patenschaft nehmen, Spenden sammeln und Waldbesitzern Bäume abkaufen, um sie dann stehen zu lassen. Eine einfache und elegante Lösung, die Schule machen sollte. So kann jeder vor Ort etwas tun und Geld für solche Patenschaften spenden. Alte Bäume können dann immer mehr das werden, was sie meist noch gar nicht sind: alt.

KLEINSPECHT

Dryobates minor

GRÖSSE: ca. 14–16,5 cm **GEWICHT:** ca. 16–25 g **BEI UNS:** ganzjährig
STIMME: langes, leises Trommeln, Ruf „Ki-ki-ki-ki" `042`

MINISPECHT Nicht viel größer als ein Sperling, wirkt der Kleinspecht wie ein klein geschrumpfter Buntspecht. Zum Aufklopfen nimmt er Weichhölzer, wie Weide oder Pappel. Man sieht es ihm an, harte Bretter bohrt der nicht.

KONFLIKTSCHEU Der Kleinspecht weicht dem Buntspecht aus, der viel häufiger und dominanter ist. Der große Vetter vertreibt den kleineren. Er übernimmt dessen mit Mühe gebauten Höhlen einfach und baut sie aus. Der Kleinspecht weicht oft in flussnahe Bereiche aus, wo er mehr weiche Bäume findet. Hier ist der Buntspecht weniger oft anzutreffen.

WO ZU BEOBACHTEN Begnügt sich mit kleineren Wäldern, Gehölzstreifen, Obstwiesen oder Pappelreihen mit viel Totholz. Liebt die halboffene Landschaft. Meist in Laubmischwäldern mit viel Totholz zu finden.

MERKMALE Das Gefieder des Kleinspechtes ist mehrheitlich schwarz-weiß. Sein Rücken ist deutlich und regelmäßig weiß-schwarz gebändert. Auf dem Kopf hat er eine rote Haube. Die Kopfplatte der Weibchen ist rein schwarz. Die Unterseite ist gestrichelt, aber nicht rot. Er trommelt länger als seine größeren Verwandten, aber zart. Die Rufreihe ist charakteristisch, erinnert an einen Turmfalken, allerdings ist sie nicht oft zu hören.

ÄHNLICHE ART Der Scheitel der größeren, jungen Buntspechte ist ebenfalls rot gefärbt. Mittelspechte haben stets eine rote Haube und einen rötlichen Bauch. Den größeren Spechten fehlt die durchgehende weiße Bänderung des kleinen Verwandten.
Die Weibchen des Kleinspechtes sind denen des Weißrückenspechtes sehr ähnlich. Diese haben aber rötliche Unterschwanzfedern. Hierzulande wirst du die beiden kaum zusammen sehen und verwechseln können, denn Weißrückenspechte kommen eher weiter nordöstlich vor.

GRAUSPECHT

Picus canus

GRÖSSE: ca. 19,5 – 22 cm **GEWICHT:** ca. 50 – 85 g **BEI UNS:** ganzjährig
STIMME: wie Grünspecht, aber abfallend `043`

SELTENER ZWILLING Grünspechte gibt es gewissermaßen überall. Das kannst du als Bestimmungshilfe nutzen. Dort, wo beide Arten vorkommen, kommt es nicht selten zu Verpaarungen zwischen den nah verwandten Arten. Die Nachkommen sind nicht fruchtbar, verwirren viele Beobachter aber ziemlich. Sie zeigen Gefiedermerkmale beider Arten und auch ihre Rufe sind eine Mischung aus jenen von Grau- und Grünspecht.

WO ZU BEOBACHTEN Mehr in den Wäldern anzutreffen als der Grünspecht. Ist aber ebenfalls ein "Erdspecht" und sucht seine Nahrung am Boden, meist Ameisen.

MERKMALE Obwohl er Grauspecht heißt, ist er doch ziemlich grün. Sein Kopf ist jedoch grau, das Männchen (oben) trägt ein wenig Rot auf der Stirn, beim Weibchen (rechts) fehlt die rote Farbe. Sein Gesang ist melancholischer als der des Grünspechtes und steigt deutlich in der Tonhöhe ab – „tropft aus",

denn die Ruffolge wird immer langsamer. Das ergibt einen sehr charakteristischen Klang.

ÄHNLICHE ART Der Grauspecht ist kleiner als der **Grünspecht** (S. 50) und trägt weniger oder auch gar kein Rot im Kopfgefieder. Der Kopf des Grünspechtes ist grün. Wichtiges Merkmal für die Unterscheidung ist die Stimme.

MITTELSPECHT

Dendrocoptes medius

GRÖSSE: ca. 19,5–22 cm **GEWICHT:** ca. 50–85 g **BEI UNS:** ganzjährig
STIMME: Ruf auffällig quäkend „Ääk, ääk, ääk!" `044`

MORSCH UND WEICH Der Mittelspecht gilt als der Specht der Eichen. Tatsächlich stehen die Chancen gut, einen Mittelspecht zu sehen oder zu hören, wenn im Wald viele Eichen stehen. Diese sind für viele Arten von Vorteil, unter anderem weil sie überproportional viel Totholz enthalten, auch wenn der Baum selbst völlig gesund ist oder zumindest so erscheint. Mittelspechte bauen ihre Höhlen gerne unter die Ansätze dicker, am besten am Ansatz etwas morscher Äste. Sie schätzen die rissige Borke der Eichen auch deswegen, weil es dort besonders viele Insekten zu finden gibt. Fachleute nennen den Mittelspecht einen „Stocherspecht". Er hackt und trommelt selten und sucht weiches Holz zur Nahrungssuche auf, das für seinen vergleichsweise schwachen Schnabel besser geeignet ist.

ER MAG ES ALT Allerdings ist die (scheinbare) Vorliebe für Eichen nur eine Notlösung. Eingehende Untersuchungen haben gezeigt, dass der Mittelspecht Bäume braucht, die alt genug sind, um ausreichend viele Risse und Höhlen entwickelt zu haben. Eichen sind damit schon nach 80 Jahren so weit, viel früher als z. B. Buchen. Und diese erreichen das dafür nötige Alter von ca. 180 Jahren oft nicht, weil sie früher schlagreif sind und dann „geerntet" werden. Junge Buchen sind ihm schlicht zu rutschig und geben dem Mittelspecht nicht genug Halt, weil seine Füße nicht kräftig genug sind. So ist seine Verbreitung stark vom menschlichen Einfluss im Wald oder Forst beeinflusst.

VERSTECKMEISTER Mittelspechte sind gut im Verstecken und leicht zu übersehen, man sagt zu Recht, sie leben heimlich. Hat man einen entdeckt, klettert er auf die andere Seite des Baumes. Der Beobachter läuft um den Baum herum, wieder ist der Specht weitergeklettert und man läuft herum, läuft herum – und da ist dann kein Specht mehr. Verflixt, er ist einfach weggeflogen! Mittelspechte beobachten, das ist etwas für Geduldige.

WO ZU BEOBACHTEN In Wäldern mit möglichst vielen alten, morschen Eichen zu finden. Dabei ist die Größe des Waldes nicht so entscheidend. Wenn Eichen fehlen, müssen alte Buchen und andere Arten wie Birke oder Erle viel Totholz aufweisen, sonst fehlt der Mittelspecht. Kommt auch in größeren Parks oder Stadtwäldern bei entsprechendem Altholzangebot ebenso vor wie in Gartenanlagen oder Bauernwäldern. Diese kleinen Waldstücke stehen oft in relativ waldarmen Regionen, seit Generationen sparsam und dazu aktuell meist wenig genutzt. Deshalb bergen sie oft erstaunlich viele alte Bäume auf kleinem Raum. Vor allem in mittleren Höhen anzutreffen, das Gebirge und die Meeresküste sind kaum besiedelt. In der Balzzeit von Februar bis April sind die quäkenden Rufe die besten Anzeiger und Richtungsgeber zum Beobachten dieser Spechtart.

MERKMALE Der Mittelspecht trägt eine auffallend rote Haube auf dem Kopf, bei den Weibchen ist sie etwas weniger leuchtend. Andere Spechte haben am Kopf schwarze Streifen unter der roten Haube, die hat der Mittelspecht nicht. Die Wangen wirken deswegen auffallend weiß.
Auf den sonst sehr schwarzen Flügeln hat er einen großen weißen Fleck, der Bauch ist rötlich und besonders die Flanken sind hell mit dunklen Flecken gestrichelt. Ein sehr gutes Merkmal ist die Stimme. Der Mittelspecht quäkt wie kein anderer Specht. Sein „Gesang" ist eine laute Reihe von nasalen „Gwääck"-Tönen. Dafür trommelt er so gut wie nie.

ÄHNLICHE ART Der Mittelspecht sieht dem größeren **Buntspecht** (S. 28) ähnlich, aber nur junge Buntspechte haben eine rote Haube, der Bauch ist nicht gestrichelt. Der **Kleinspecht** (S. 112) ist ebenfalls, wenn auch deutlich weniger rot am Kopf, am Bauch fehlt die rote Farbe jedoch und der Rücken trägt keinen weißen Fleck, sondern nur weiße Streifen.

TRAUERSCHNÄPPER

Ficedula hypoleuca

GRÖSSE: 12–13,5 cm **GEWICHT:** 11–13,9 g **BEI UNS:** Anfang April bis Ende Sept. **STIMME:** ruft „Bitt"; Gesang laut und kurz, mit deutlichem Tonwechsel: „Zink, zink, zink, wink, wink, wink" `045`

FLIEGENFÄNGER Trauerschnäpper fangen Insekten akrobatisch im Flug. Die kleinen Vögel stehen dabei schwirrend in der Luft. Sie brüten in Baumhöhlen, die oft Mangelware oder schon belegt sind. In manchen Regionen sind sie weitgehend von Nistkästen und Schutzbemühungen abhängig.

OPFER DES KLIMAWANDELS?! Trauerschnäpper überwintern in Afrika und treffen erst spät im Mai im Brutgebiet ein. Durch die milderen Winter verschieben sich die Entwicklungszeiten der Insekten nach vorne. Trauerschnäpper können ihre Ankunft kaum daran angleichen. So verpassen sie den günstigsten Zeitpunkt mit besonders vielen Raupen für die Aufzucht ihrer Jungen.

WO ZU BEOBACHTEN Bevorzugt lichte Laubwälder mit alten Buchen und genügend Höhlen. Auch in Parks, Alleen, alten Gärten und Friedhöfen mit alten Baumbeständen und Nistkästen zu finden. Unter günstigen Bedingungen häufig.

MERKMALE Männliche Trauerschnäpper (oben) sind schwarz-weiß gefärbt. Auffällig sind ein weißes Feld in den sonst dunklen Flügeln, eine weiße Kehle und kleine weiße Flecken über dem Schnabel. Dazu kommen eine strahlend weiße Brust und ein dunkler Kopf – im Hell-Dunkel der Blätter eine gute Tarnung. Die bräunlichen Weibchen (unten) sind noch schwerer zu entdecken.

ÄHNLICHE ART Der **Halsbandschnäpper** brütet weiter östlich. Beim Männchen zieht sich ein weißes Band ganz um den Hals.

GRAUSCHNÄPPER

Muscicapa striata

GRÖSSE: 13,5 – 15 cm **GEWICHT:** 13 – 20 g **BEI UNS:** Ende April bis Mitte Sept. **STIMME:** leise „Zit, zit"; Gesang dünne Folge ähnlicher Rufe `046`

MR. UNSCHEINBAR Der Grauschnäpper macht dem Beobachter das Leben schwer. Er singt wenig, seine Stimme ist zart und geht oft völlig unter. Dazu ist er eben vor allem eins: grau. Der schlanke, zarte Vogel lebt ganz oben in den Bäumen und schwirrt viel umher – fast als wollte er nicht entdeckt werden.

SCHÖNHEIT AUF DEN ZWEITEN BLICK
Grauschnäpper sind feine, hocheffiziente Jäger „en miniature". Im Gegensatz zu den meisten Singvögeln sitzen sie ganz aufrecht. Dabei wirken sie stolz und ein klein wenig bedrohlich – für Mücken und Fliegen jedenfalls. Von ihrem Ansitz aus, einem meist laubfreien Ast, huschen sie in einem eleganten Bogen los und fangen für uns unsichtbare Insekten. Oft landen sie wieder an derselben Stelle.

WO ZU BEOBACHTEN Alte Bäume mit vielen Rissen in der Borke wie Eichen, Eschen oder Linden sind ein guter Anhaltspunkt. Auch in vielen Parks, alten Gärten, Alleen oder auf Bauernhöfen zu sehen.

MERKMALE Sehr schlanker grauer Körper mit einem relativ großen Kopf. Die Oberseite ist braungrau, die Unterseite hellgrau mit zarten Streifen. Der Kopf ist ebenfalls deutlich gestreift. Die Augen sind groß, wie es sich für einen Insektenjäger gehört.

ÄHNLICHE ART Der **Zwergschnäpper** (S. 131) hat weiße Außenfedern am Schwanz mit einer prominenten schwarzen Endbinde. Die Männchen haben eine zartorange gefärbte Kehle.

TANNENMEISE

Periparus ater

GRÖSSE: 10–11,5 cm **GEWICHT:** 8–11 g **BEI UNS:** ganzjährig
STIMME: ruft zart „Sit sit"; Gesang eindeutig „WC, WC!" **047**

NADELWALD-JUNKIE Die Tannenmeise könnte Fichten- oder Bergmeise heißen. Berg-fichtenwälder sind nämlich ihr bevorzugter Lebensraum. Sie ist fast ausschließlich ein Waldvogel. Über viele Meisen-Generationen hinweg profitierte sie von der menschlichen Forstwirtschaft und konnte ihr Verbreitungs-gebiet stark erweitern. Einige Förster-Gene-rationen haben auf die Fichte gesetzt – auch dort, wo es sie natürlicherweise nicht gibt, zum Beispiel im Flachland.

MERKMALE Der Kopf der Tannenmeise ist schwarz mit weißen Wangen und einem weißen Nackenfleck, Kehle und Kinn sind schwarz. Oberseits ist sie grau, unterseits graubeige.

ÄHNLICHE ART Die Tannenmeise sieht etwas aus wie eine unfertige **Kohlmeise** (S. 38). Diese ist größer, hat einen gelben Bauch mit einem schwarzen Strich und keinen weißen Nackenfleck.

ENTZUG ODER RÜCKZUG Die dramatisch absterbenden Nadelwälder bringen die klei-ne Meise in große Bedrängnis. Mensch und Meise müssen umlernen. Die Meise wird um-ziehen oder auswandern. Ziemlich sicher wird sie seltener und für Flachlandindianer unter den Vogelbeobachtern ein seltener „Spot" werden.

WO ZU BEOBACHTEN In den Mittelgebirgen mit viel Nadelwald häufig. Turnt wie viele Mei-sen gerne in hohen Zweigen herum, meist gut versteckt im grünen Dickicht. In Gärten, Parks und Friedhöfen leichter zu sehen.

HAUBENMEISE

Lophophanes cristatus

GRÖSSE: 10,5 – 12 cm **GEWICHT:** 10 – 12,51 g **BEI UNS:** ganzjährig
STIMME: ruft trillernd „Zrrt zrrt"; Gesang ähnlich `048`

HAUFENWEISE HAUBENMEISE Dort, wo es Nadelwald gibt, da ist die Haubenmeise häufig. Sie verrät sich durch ihre Rufe, mit denen die Meisen untereinander beständig Kontakt halten. Das Getriller aus „Zrrt" und „Brrüütt" ist nicht leicht zu hören. Früh im Wald beim Konzert aller Singvögel brauchst du gute Ohren, um das Trillern der Haubenmeisen herauszuhören.

NOMEN EST OMEN Hier passen Name und Äußeres bestens zusammen. Wie jede Meise ist die Haubenmeise klein und der Schnabel gleicht einer Stupsnase. Sie hat eine freche, bei Erregung heftig gesträubte Haube, die auch angelegt werden kann. Meist steht sie aber hoch – trotz ihrer zarten Gestalt scheint die Haubenmeise immer wütend zu sein.

WO ZU BEOBACHTEN Bevorzugt Nadelwälder mehr als 150 Meter über dem Meeresspiegel. Kommt auch in Parks und Gärten mit alten Nadelbäumen vor und besucht Futterstellen.

MERKMALE Die Kopfzeichnung ist sehr auffällig, nicht nur wegen der dunkel gesprenkelten Federhaube. Ein schwarzes Band liegt wie eine Halskette um den hellen Kopf, dazu hat die Kopfseite einen schmucken schwarzen Streifen. Die Kehle ist schwarz, der Körper ist oberseits bräunlich, unterseits beige. Der Gesang gleicht einer Reihe aus den charakteristischen „Zrrt"-Rufen mit eingestreuten scharfen Pieps-Tönen.

ÄHNLICHE ART Keine.

WESPENBUSSARD

Pernis apivorus

GRÖSSE: 52–59 cm **GEWICHT:** 830–960 g **BEI UNS:** Mai bis September
STIMME: „Fließüh", wimmerndes Pfeifen, meist still **049**

„NEIN, MEINE BIENE ESS' ICH NICHT!"!

Ein Greifvogel, der fast ausschließlich Insekten fängt und frisst: die namensgebenden Wespen (gelegentlich Hummeln). Auf Englisch heißt er fälschlich „Honey Buzzard", denn er mag Honig und Bienen nicht. Er ist ein hoch spezialisierter Suppenkasper. Hat er das Bodennest einer Wespe entdeckt, räumt er die Brut aus. Die Füße sind mit dicken Zehen und reichlich Schuppen dafür gewappnet. Seine Anwesenheit verraten oft nur zerstörte Wespenwaben.

DER ANDERE BUSSARD

Anders als der Mäusebussard ist der seltenere Wespenbussard ein Zugvogel, der in auffälligen großen Gruppen reist. Er kehrt nicht vor Mai aus Afrika zurück, denn erst dann werden Wespen häufig – und nervig. Auf etwa 30 Mäusebussardpaare kommt in Deutschland nur ein Paar Wespenbussarde.

WO ZU BEOBACHTEN

Brütet in Horsten an Waldrändern, in kleinen Baumgruppen oder Gehölzstreifen. Bevorzugt offene Landschaften mit eingestreuten Laubholzinseln, keine geschlossenen Waldgebiete. Liebt die Nähe zu Gewässern, frisst auch Amphibien.

MERKMALE

Wespenbussarde haben einen langen Hals und einen kleinen Kopf wie eine Taube. Der Schwanz ist lang mit einer breiten dunklen Endbinde und zwei schmaleren Binden nahe der Schwanzbasis. Das ergibt ein charakteristisches Bild mit drei ungleichmäßigen Streifen.

ÄHNLICHE ART

Der **Mäusebussard** (S. 56) ist breiter und gedrungener als sein schlanker Verwandter. Er hat eine ganz andere Zeichnung am Schwanz: bis zu zwölf gleichmäßig breite Streifen ergeben eher ein Zebramuster.

DOHLE

Corvus monedula

GRÖSSE: 33 – 39 cm **GEWICHT:** 175 bis 282 g **BEI UNS:** das ganze Jahr
STIMME: sehr ruffreudig, laut und schallend „Tschaak, tschaak" oder
schnarrend „Tscharrr" `050`

KLEINE KRÄHE IM WALD Dohlen sind kleine Rabenvögel und wie viele von diesen auf den ersten Blick nur schwarz. Sie sind kompakt gebaut und sehr agil. Als Höhlenbrüter lieben sie Dörfer und Städte, wo es in Kirchen, Türmen, unter Brücken und in Schornsteinen genug Platz gibt. Was machen sie dann im Wald? Viele sehr alte Eichen oder Buchen bieten für viele Tierarten natürliche Höhlen. Dort, wo der Schwarzspecht große Wohnungen baut, brüten manchmal sogar mehrere Dohlen in einer kleinen Kolonie.

WO ZU BEOBACHTEN Am besten zu sehen, wenn sie um eine Dorfkirche kreisen. Sie lieben es in großen Gruppen rufend herumzusausen, immer um den Kirchturm herum. Als Siedlungsvogel nicht zu übersehen oder zu überhören. Gerne auf kurzrasigen Flächen, auch neben Straßen unterwegs. Im Wald dagegen sind Dohlen eine Besonderheit, aber eine natürliche. Im dichten Wald verraten sie sich durch ihre lauten Rufe.

MERKMALE Ganz Schwarz? Keineswegs. Bei den Altvögeln ist der Nacken grau bis hellgrau und auch sonst schimmert der Vogel gräulich. Wer sich eine Dohle näher ansieht, kann die hellen Augen erkennen. Unter den Rabenvögeln hat dies nur die Dohle. Dohlen laufen viel auf dem Boden, bewegen sich schnell und ruckartig. Oft sieht man sie mit Saatkrähen vergesellschaftet.

ÄHNLICHE ART Rabenkrähe (S. 54) und **Saatkrähe** sind beide deutlich größer. Sie haben keinen grauen Nacken und schwarze Augen.

PIROL

Oriolus oriolus

GRÖSSE: 22 – 25 cm **GEWICHT:** 50 – 85 g **BEI UNS:** nur kurz von
Mai bis August **STIMME:** ruft heiser „Wrääk"; Gesang kurz melodisch
„Düdelido", ähnlich wie „Oriol" oder „Bülo, bülo" **051**

GELB-GRÜNE KOALITION Diese Verbindung
mag in der Politik nicht so gut funktionieren,
beim Pirol hingegen ist sie die Grundlage für
den Fortbestand der Art. Die Männchen sind
gelb und die Weibchen grün. Beide Altvögel
brüten und wechseln sich dabei gegenseitig
ab. Auch sonst halten sie vorbildlich zusammen, etwa wenn es darum geht, das Revier zu
verteidigen. Das machen sie sehr nachdrück-
lich, zur Not auch gegen stärkere Eindringlin-
ge, wie den deutlich kräftigeren Eichelhäher.
Laut rufend umflattern sie den Eindringling,
fliegen ihn direkt an – ein Verhalten, das
Vogelkundler schlicht, aber treffend „Hassen" nennen.

MIT ZAHLLOSEN DECKNAMEN In deutsch-
sprachigen Dialekten findet man erstaunlich
viele Namen für den Pirol. Einerseits kann das
sicher seinem auffälligen Gefieder zugeschrie-

ben werden. Andererseits liegt es womöglich daran, dass er früher viel häufiger war. Heute gibt es in manchen Regionen, zugespitzt formuliert, mehr Dialektnamen als Pirole. Bezeichnend ist unter vielen der „Pingstvuegel" (Pfingstvogel), denn der Zugvogel taucht erst spät bei uns auf, um zu brüten.

GOLDAMSEL UND BÜLOW-VOGEL Dies sind nur zwei Beispiele der vielen Namen, die er trägt und von denen heute leider meist nur noch wenige bekannt sind. Der Pirol ist allerdings mit dem Star deutlich näher verwandt als mit der Amsel. Im Französischen heißt der Pirol „Loriot". Das passt gut zum Bülow-Vogel. Dieser Name wird meist in Brandenburg genutzt und bezieht sich zwar auch auf den Gesang („Büло, bülo"), aber ebenso auf die weit verbreitete Familie von Bülow. Die früher vornehmlich in Brandenburg beheimatete Adelsfamilie trägt konsequenterweise den Pirol im Wappen. Hier klingelt es vielleicht schon bei dir – genau, der berühmte deutsche Cartoonist und unvergessene Komiker Vicco von Bülow gab sich vor diesem Hintergrund sehr treffend den schönen Künstlernamen „Loriot".

BÄUME IM WASSER Pirole lieben Wälder, deren Bäume mit den Füßen im Wasser stehen. Noch vor zweihundert Jahren waren unsere Flussauen voll Wasser und voller Bäume. Eine Aue konnte hundert Kilometer breit sein – nicht nur lang. Überschwemmte Gebiete waren schwer zu bewirtschaften, blieben deswegen lange Zeit Wald oder Viehweide und boten dem Pirol ein Zuhause. Nach den starken Veränderungen in den Landschaften Mitteleuropas durch Flussbegradigungen und Trockenlegung der Auen ist der Pirol vielerorts ausgestorben oder selten geworden.

WO ZU BEOBACHTEN Am besten in flussnahen Laubwäldern mit großen Lücken zu finden, aber auch in Baumreihen, Parks und kleinen Gehölzen mit hohen Buchen, Eichen, Pappeln und Weiden. Baut seine Nester hoch oben und benötigt daher genügend hohe Bäume. Nistet in großen Wäldern immer am Rand. Weil der Pirol gern in den Kronen der

hohen Bäume herumturnt, ist er nicht leicht zu sehen, verrät sich aber durch seine auffällige, leicht zu lernende Stimme.

MERKMALE Das Männchen (links) ist völlig unverwechselbar, der Körper ist an Kopf, Brust, Bauch und Rücken strahlend rein gelb. Die Flügelfedern sind schwarz mit einem gelben Feld zwischen Hand- und Armschwingen, der Schwanz ist dunkel in der Mitte und gelb an den Seiten. Im Flug siehst du einen klar zweigeteilten, gelb-schwarzen Vogel. Der Schnabel ist hell rötlich. Die Weibchen (rechts) sind deutlich weniger farbenfroh, fast der ganze Körper ist grün oder grünlich und dabei deutlich gestreift. Einzelne Federpartien können aber auch beim Weibchen gelb sein. Einige von ihnen sind sogar insgesamt ziemlich gelb. Im sonnendurchfluteten, lückigen Auwald siehst du oft nur einen gelben Blitz vorbeisausen zwischen den vielen Zweigen, Blättern und Sonnenflecken – Pirole sind trotz ihres farbenfrohen Gefieders bestens getarnt.

ÄHNLICHE ART Keine.

TANNENHÄHER

Nucifraga caryocatactes

GRÖSSE: 32 cm **GEWICHT:** 120 bis 170 g **BEI UNS:** das ganze Jahr, im Winter Gäste aus dem Norden **STIMME:** schweigsam; charakteristisch ist ein langes, rollendes „Krrrrreh", wie ein Alarmsignal 052

NUSSDIEB Tannenhäher lieben Haselnüsse. Das passt so gar nicht zu ihrer anderen Vorliebe, der für die namensgebenden Tannen. In der an sich wenig verbreiteten Nadelbaumart legen sie gerne ihre Nester an. Der ideale Lebensraum eines Tannenhähers besteht also aus einer gewissen Anzahl von Tannenbäumen, umgeben von schönen, großen Haselsträuchern. Weil dieses Paradies in der freien Natur nicht immer zu finden ist, weichen Tannenhäher besonders im Winterhalbjahr in die Gärten und Parks der Siedlungen aus. Wer Glück hat, sieht den Nussdieb dann dort friedlich fressen und sammeln.

WO ZU BEOBACHTEN Bei uns in den Mittel- und Hochgebirgsregionen zu finden. Lebt „boreal" und „montan", kurz und knapp also in den nördlichen und bergigen Regionen. Im Winter kommen immer wieder große Trupps aus Nordost und mischen sich dann mit den einheimischen Nussdieben in unseren Gärten. Man sagt, dass die Gäste aus den kalten Ecken Europas weniger scheu sind.

MERKMALE Der Tannenhäher ist überwiegend braun und etwas kleiner als ein Eichelhäher. Auf Rücken und Bauch sind viele weiße Flecken, die in Linien vom Kopf bis zum Hinterteil verlaufen. Die Kopfplatte und die Schwungfedern sind ohne Flecken, einfach braun. Der fast schwarze Schwanz hat weiße Innenfedern, weiß sind auch die Unterschwanzfedern. Der Schnabel ist deutlich länger als beim Eichelhäher, dafür ist der Schwanz kürzer.

ÄHNLICHE ART Keine.

WALDSCHNEPFE

Scolopax rusticola

GRÖSSE: 33 – 38 cm **GEWICHT:** 144 – 420 g **BEI UNS:** Teilzieher, Gast
STIMME: in rascher Folge „Murks, murks, …", am Ende „Psuit" `053`

SCHNEPFE IM WALD? Vielleicht hast du von Schnepfenvögeln gehört. Diese leben auf feuchten Wiesen und im Wattenmeer. Aber im Wald? Waldschnepfen sind taubengroße Vögel, die in dichtem Laubwald auf dem Boden brüten. Sie sind sehr scheu und derart gut getarnt, dass man sie erst sieht, wenn man fast drauftritt. Und so lange warten sie auch, auf ihre perfekte Tarnung vertrauend.

„SCHNEPFENSTRICH" So nennen Jäger das Balzritual der Waldschnepfen. Sie sind von März bis Mai leicht zu sehen und zu hören. In der Dämmerung, ganz oft präzise zur gleichen Zeit, sausen die Männchen über den Wald. Sie wollen Weibchen anlocken und anderen Kerlen zeigen, was sie draufhaben. Dabei rufen sie fast schon komisch „Murks, murks, murks ... Psuit!". Weniger komisch ist

die Jagd auf Waldschnepfen, die immer noch erlaubt ist. Viele werden auf dem Zug geschossen, wenn sie bei uns durchkommen.

WO ZU BEOBACHTEN Überall, wo es reichlich Laub- und Mischwälder mit weichem Boden gibt, aber auch auf Nordseeinseln mit wenig Wald zu finden. Weil sie einfach auf dem Boden sitzen, kommt es vor, dass ein Spaziergänger eine Schnepfe aufscheucht. Sie fliegt dann wie eine Kanonenkugel los und schnellt mit „burrendem" Flügelschlag in den Wald davon.

MERKMALE Rundlicher Vogel mit rot- bis dunkelbraun gestreiftem Federkleid, gewaltig langem Schnabel und sehr großen Augen.

ÄHNLICHE ART Im Wald keine.

SCHWARZSTORCH

Ciconia nigra

GRÖSSE: 90 – 105 cm **GEWICHT:** 2500 – 3000 g **BEI UNS:** Ende April bis Mitte Sept. **STIMME:** ruft melodisch „Flie-höö" 054

STORCH IST NICHT GLEICH STORCH Man mag sich fragen: Was hat denn bitte ein Storch im Wald verloren? „Den Storch" gibt es nicht, genauso wenig wie es „die Ente" oder „die Möwe" gibt. Als Vogelbeobachter lernst du schnell, dass man präziser angeben muss, welchen Vogel man gesehen hat, zum Beispiel eine Stockente oder eine Lachmöwe. Beim Storch unterscheidet man zwischen weiß und schwarz. Schwarzstörche sind nicht sehr häufig, auf zehn Weißstörche kommt höchstens ein schwarzer. Der Schwarzstorch ist ein richtiger Waldvogel und klappert sehr wenig. Im Gegensatz zu den fast nur klappernden Weißstörchen sind die Schwarzstörche im Wald redselig. Fiepen, Fauchen und merkwürdige „Uuaa"-Rufe, meist von den älteren Jungtieren bei Gefahr ausgestoßen, gehören zum Repertoire. Meistens werden sie am Horst vorgetragen. Den findet man aber trotzdem kaum einmal. Bei Flügen um den Brutplatz ertönt ein hohes melodisches Flöten, das an Bussardrufe erinnert.

SCHEUER RIESE Gemessen an allen anderen Waldarten ist der Schwarzstorch eine Gewichtsklasse für sich. Er brütet in großen Bäumen tief im dichten Wald. Hier baut er gewaltige Nester, ohne die Hilfe des Menschen, auf die sein weißer Kollege meist bauen kann. In der Nähe der Horste müssen ausreichend Gewässer, Moore, Sümpfe oder auch feuchte Wiesen vorhanden sein. Schwarzstörche sind sehr scheu und ihre Brutplätze zu Recht ein sehr gut gehütetes Geheimnis. Bei Annäherung eines unbedachten Fußgängers reagieren die großen Vögel äußerst empfindlich. Sie flüchten, lassen die Jungvögel ungeschützt zurück und im schlimmsten Fall brechen sie die Brut ab. Und das können wir uns nicht leisten. Mit nur 650 bis 750 Paaren in Deutschland sind Schwarzstörche sehr selten.

GESCHICKTER ANGLER Wie sein Freiland-Vetter frisst der Schwarzstorch Amphibien – und gerne auch Fische. Seine Fangtechnik ist interessant. Anders als Reiher, die ansitzen und stoisch warten auf das, was vorbei-kommt, laufen Schwarzstörche sehr aktiv durch flache Gewässer. Sie fangen Fisch um Fisch. Der Schnabel taucht ein und wird mit

Bauch und Brust sind mehrheitlich weiß. Ein kräftig rot schimmernder Schnabel, rote Beine und ein roter Ring ums Auge machen ihn noch ein wenig bunter. Die Flügel sind groß und breit. Der Waldstorch ist etwas kleiner als der Weißstorch. Hals und Füße werden beim Flug immer weit voraus bzw. nach hinten gestreckt.

weit ausgreifenden Bewegungen links und rechts durch Wasser gezogen, während der Vogel mit großen Schritten das Gewässer durchmisst. Wer das mal sehen konnte, ver-gisst es nicht.

WO ZU BEOBACHTEN Im Gegensatz zum Kulturfolger Weißstorch sehr viel schwieriger zu entdecken. Am ehesten über dem Wald kreisend oder auf dem Zug zu sehen. Beson-ders gut beim Fischfang zu beobachten, wenn er auf dem Weg in das afrikanische Winter-quartier an einem Gewässer Rast macht. Zum Glück kommt das immer wieder vor.

MERKMALE Kopf, Hals und Flügel sind völlig schwarz, schillern aber in vielen Farbnuancen. Ein Schwarzstorch ist nicht komplett schwarz.

ÄHNLICHE ARTEN Auch der **Weißstorch** hält den Hals im Flug völlig gerade. Kopf und Hals sind bei ihm aber strahlend weiß. Hand und Armschwingen sind schwarz, die Deckfe-dern allerdings weiß. Also Vorsicht: Von unten gesehen wirken beide Störche auf den ersten Blick schwarz-weiß. Unbedingt auf Kopf und Hals achten (schwarz oder weiß) und auf die Flügel: Beim Weißstorch sind sie längs zwei-geteilt schwarz-weiß, beim Schwarzstorch nur schwarz, vor allem alle Handschwingen und deren Deckfedern.

Graureiher und **Kranich** können dem Schwarzstorch ähnlich sehen, sind aber ein-farbig grau, nicht schwarz und weiß. Reiher knicken im Flug deutlich den Hals ein und machen daraus eine Art Doppelkurve, wo-durch sie wie gestutzt aussehen.

FÜR DIE BRAUCHST DU GLÜCK

FÜR GLÜCKSPILZE

Waldbewohner, die es dir schwer machen

VERSTECKKÜNSTLER Die Vögel hier sind entweder superselten, superschwer zu sehen oder beides. Einige sind auf ganz bestimmte Lebensräume angewiesen, andere sind vor allem im Wald richtige Heimlichtuer. Bei manchen hast du vielleicht sogar außerhalb des Waldes mehr Glück beim Beobachten.

UHU
— *Bubo bubo*

Größte Eule der Welt, aber trotzdem unglaublich gut getarnt und nur sehr schwer zu sehen. Brütet unter anderem im Wald, in alten Horsten, auf dem Boden, auch auf Gebäuden, in Steinbrüchen. Ist inzwischen relativ häufig.

WALDOHREULE
— *Asio otus*

Die kleinere Variante des Uhus, sehr leise und scheu, im Wald nur ausnahmsweise zu sehen. Brütet gerne in Nadelbäumen, auch in Parks und Gärten. Die fiependen Jungvögel zeigen die Brut hörbar an.

RAUFUSSKAUZ
— *Aegolius funereus*

Höhlenbrüter, der Schwarzspechte als Architekten braucht. Lebt im Nadel- oder Mischwald in den Bergen, nimmt auch sehr gerne Nistkästen an.

SPERLINGSKAUZ
— *Glaucidium passerinum*

Totale Mini-Eule, nur etwa so groß wie ein Star. Der größte Feind der kleinen Singvögel im Nadelwald.

SCHWARZMILAN
— *Milvus migrans*

Kleiner und weniger bunt als der Rotmilan. Der Schwanz ist nur schwach gegabelt. Weltweit sehr zahlreich und verbreitet; bei uns selten, wird aber häufiger.

WEISSRÜCKENSPECHT
— *Dendrocopos leucotos*

Wird als „Urwald-Bewohner" beschrieben, braucht unbedingt Altholz im Verfallstadium. Vorkommen fast nur in den Alpen.

DREIZEHENSPECHT
— *Picoides tridactylus*

Steht auf alte Fichten- und Tannenbestände mit viel Totholz. Könnte ein Gewinner der Borkenkäferkalamität („Plage") sein und von den abgestorbenen Nadelbäumen profitieren.

FICHTENKREUZSCHNABEL
— *Loxia curvirostra*

„Ungleichmäßig" beschreibt die Verbreitung dieser Art treffend. Die Bestände schwanken stark wegen der Abhängigkeit von Nabelbaumsamen. An sich nicht selten, brütet sehr früh und ist insgesamt sehr unauffällig.

ERLENZEISIG
— *Spinus spinus*

Ähnliches Verbreitungsbild wie der Fichtenkreuzschnabel. Trotz des Namens ein Freund der Nadelbäume, auch in Parks – sogar eher dort – anzutreffen und zu sehen.

ZWERGSCHNÄPPER
— *Ficedula parva*

Sieht aus wie eine Miniversion des Rotkehlchens. Kommt nur in den dichten Laubwäldern in Ostdeutschland oder in den Bergen vor. Mit nicht viel mehr als 2.000 Paaren in Deutschland für eine Singvogelart extrem selten.

SERVICE

NÜTZLICHE ADRESSEN

EMPFEHLENSWERTE MEDIEN

BÜCHER

Barnes, S. (2019): Vom Glück einen Vogel am Gesang zu erkennen. Edel

Barthel, P. H./Dougalis, P. (2019): *Was fliegt denn da? Das Original*. Alle Vogelarten Europas. Extra: Über 188 Vogelstimmen kostenlos mit der KOSMOS-PLUS-App hören. 200 Seiten, KOSMOS

Dierschke, V. (2017): *Welcher Vogel ist das?* Über 440 Vogelarten Europas. Extra: Mit KOSMOS-Erklärfilmen zur sicheren Bestimmung. 256 Seiten, KOSMOS

Gedeon, K. et al. (2014): *Atlas Deutscher Brutvogelarten (ADEBAR). Atlas of German Breeding Birds*. 800 Seiten, Stiftung Vogelmonitoring Deutschland und Dachverband Deutscher Avifaunisten (ausverkauft, als PDF und in-App erhältlich)

Hecker, K. u. F. (2020): *Meine Vogel-Snackbar*. Kreative Ideen für artgerechtes Futter und schöne Futterplätze. 72 Seiten, KOSMOS

Khil, L. (2018): *Vögel Österreichs*. 390 Arten erkennen und beobachten. Alle Vogelstimmen kostenlos mit der KOSMOS-PLUS-App hören. 368 Seiten, KOSMOS

Lewis-Stempel, J. (2020): *Im Wald. Mein Jahr im Cockshutt Wood*. 284 Seiten, DuMont

Mischitz, V. (2019): *Birding für Ahnungslose*. Wie du Vögel in dein Leben lässt. 128 Seiten, KOSMOS

Schmid, U. (2018): *Welcher Gartenvogel ist das?* 100 Arten erkennen und beobachten. Alle Vogelstimmen sofort hörbar mit der KOSMOS-PLUS-App. 192 Seiten, KOSMOS

Schmid, U. (2018): *Vögel – zwischen Himmel und Erde*. Reihe NaturZeit. Ein Buch zum Schmökern. 240 Seiten, KOSMOS

Schmolz, M. (2020): *Die siehst du!* 139 Vögel um dich herum. 224 Seiten, KOSMOS

Singer, D. (2019): *Was fliegt denn da? Der Fotoband*. 346 Vogelarten Europas. Extra: Vogelstimmen und Vogelfilme auf der KOSMOS-PLUS-App. 400 Seiten, KOSMOS

Svensson, L. et al. (2018): *Der Kosmos-Vogelführer*. Alle Arten Europas, Nordafrikas und Vorderasiens. 448 Seiten, KOSMOS

Die meisten Kosmos-Bücher sind zudem auch als E-Book erhältlich.

DVD UND CD

Bergmann, H.-H./Engländer, W. (2019): *Die Kosmos-Vogelstimmen-Edition*. 220 Vögel, Filme und Stimmen. 2 DVDs mit Begleitbuch. 184 Seiten, KOSMOS

Singer, D. (2018): *Alle Vögel sind schon da*. 40 Vogelstimmen auf CD. Mit Vogeluhr und Bestimmungshilfe für draußen. KOSMOS

KOSMOS-APPS

Gartenvögel
Vögel füttern und erkennen
Der Kosmos-Vogelführer
Vögel Europas bestimmen –
Was fliegt denn da?

DIE VOGELARTEN UND IHRE APP-CODES

Auf der vorderen Umschlagaußenklappe erfährst du, wie du die KOSMOS-PLUS-App herunterladen und die Vogelstimmen anhören kannst. Hier hast du alle Arten in alphabetischer Reihenfolge mit ihren Codes auf einen Blick! Ansonsten findest du die App-Codes auch bei der Beschreibung der Vogelstimmen im Kopf der Artporträts.

Vogelart	App-Code	Seite
Amsel	009	42
Blaumeise	008	40
Buchfink	006	36
Buntspecht	002	28
Dohle	050	121
Dreizehenspecht	061	131
Eichelhäher	012	52
Erlenzeisig	063	131
Fichtenkreuzschnabel	062	131
Fitis	032	90
Gartenbaumäufer	026	80
Gartengrasmücke	035	94
Gimpel	021	72

Vogelart	App-Code	Seite
Grauschnäpper	046	117
Grauspecht	043	113
Grünfink	029	84
Grünspecht	011	50
Habicht	040	106
Haubenmeise	048	119
Heckenbraunelle	017	64
Hohltaube	020	70
Kernbeißer	039	104
Kleiber	005	34
Kleinspecht	042	112
Kohlmeise	007	38
Kolkrabe	024	76

Vogelart	App-Code	Seite
Krähen	013	54
Mäusebussard	014	56
Misteldrossel	023	75
Mittelspecht	044	114
Mönchsgrasmücke	018	66
Nilgans	036	96
Pirol	051	122
Raufußkauz	057	130
Ringeltaube	003	30
Rotkehlchen	001	26
Rotmilan	025	78
Schwanzmeise	019	68
Schwarzmilan	059	130
Schwarzspecht	037	100
Schwarzstorch	054	126
Singdrossel	022	74
Sommergoldhähnchen	031	89
Sperber	041	108
Sperlingskauz	058	130

Vogelart	App-Code	Seite
Star	015	58
Stieglitz	034	92
Sumpfmeise	028	82
Tannenhäher	052	124
Tannenmeise	047	118
Trauerschnäpper	045	116
Uhu	055	130
Waldbaumläufer	027	81
Waldkauz	016	60
Waldlaubsänger	038	102
Waldohreule	056	130
Waldschnepfe	053	125
Weidenmeise	033	91
Weißrückenspecht	060	131
Wespenbussard	049	120
Wintergoldhähnchen	030	88
Zaunkönig	010	44
Zilpzalp	004	32
Zwergschnäpper	064	131

REGISTER DER VOGELARTEN

DER AUTOR: KLAUS NOTTMEYER

Klaus Nottmeyer ist 1959 geboren und begeistert sich seit seinem Studium für Vögel. Nach seiner Zeit als Vogelwart auf der Insel Mellum war er den Vögeln endgültig verfallen. Er studierte Biologie und Deutsch. Seit 1993 ist er Leiter der Biologischen Station Ravensberg im Kreis Herford und führt seit mehreren Jahren Erfassungen zu ausgewählten Vogelarten in Waldgebieten durch. Er ist Mitverfasser der Roten Listen in NRW und Mitarbeiter in bundesweiten Organisationen wie dem DDA (Dachverband Deutscher Avifaunisten). Klaus Nottmeyer hält zahlreiche Vorträge und betreut Exursionen, um seine Freude an der Vogelbeobachtung weiterzugeben.
Er hat zwei erwachsene Kinder und lebt in Herford.

FOTO-BILDNACHWEIS

Mit 174 Bildern im Innenteil des Buches: 1 von **AdobeStock** (christjatkinson: 69 o.), 2 von **Heiko Bellmann/Frank Hecker** (48 Bild 2 li., 48 Bild 3 li.), 1 von **Biologische Station Ravensberg im Kreis Herford** (14), 1 von **Wolfgang Buchhorn/ Frank Hecker** (55), 1 von **Heiko Fischer** (15 o.), 71 von **Frank Hecker** (7, 9, 13, 16, 19 beide, 28, 29 li., 30, 33, 35, 39 u., 41 li., 42, 44, 46, 47 Bild 1 re., 47 Bild 2 re., 47 Bild 3 li., 47 Bild 3 re., 47 Bild 4 li., 47 Bild 4 re., 48 Bild 1 re., 48 Bild 2 re., 48 Bild 3 re., 48 Bild 4 re., 48 Bild 5 li., 48 Bild 5 re., 49 alle, 52, 56, 59, 60 u., 65, 67, 68, 71 o., 72, 80, 81, 82, 84, 85, 92, 94, 100, 103 u., 104, 105 u., 108 re., 109, 110, 115, 116 u., 117, 118 beide, 124, 130 o., 131 2. v. u., 134, 135), 5 von **Arto Juvonen/birdfoto.fi** (24/25, 31, 50, 69 u., 127), 8 von **Frank Leo/ fokus-natur.de** (26, 32, 37, 91, 97 o., 101 li., 116 o., 130 m.), 9 von **Tomi Muukkonen/ birdfoto.fi** (41 r., 45, 89 u., 93 o., 93 u., 103 u., 107, 112, 131 u.), 4 von **Klaus Nottmeyer** (8, 10, 11, 87), 2 von **Jari Peltomäki/birdfoto.fi** (62/63, 105 o.), 11 von **Torsten Pröhl** (38, 60 o., 77, 78, 106, 108 li., 113 u., 120, 125, 128/129, 130 2. v. o.), 9 von **Rosl Rößner** (27, 29 r., 34, 51 u., 61, 73, 97 u., 83, 113 o.), 35 von **Mathias Schäf** (2/3, 21, 22/23, 36, 39 o., 40, 51 o., 53, 54, 57 beide, 58, 64, 66, 70, 71 u., 74, 75, 76, 79, 88 o., 89 o., 90, 95, 96, 98/99, 101 re., 114, 119, 121, 126, 130 2. v. u., 130 u., 131 m., 132/133), 2 von **Rudolf Schmidt/Frank Hecker** (15 u., 131 o.), 7 von **Shutterstock** (Bildagentur Zoonar GmbH: 123; Jesus Giraldo Gutierrez: 122; R. Knapp: 111; Stepahne Bidouze: 48 Bild 4 li.; sunnychicka: 47 Bild 2 li.; Zyankarlo: 47 Bild 1 li., 48 Bild 1 li.), 4 von **Markus Varesvuo/birdfoto.fi** (43, 88 u., 102, 131 2. v. o.).

IMPRESSUM

Mit 212 Fotos (inklusive der Umschlag- und Klappenfotos). Mit 9 Illustrationen von **Paschalis Dougalis/KOSMOS** (S. 4/5, 138/139, hintere Umschlagklappe außen). Mit einer Illustration von **Paul Hey** (S. 87). Autorenfoto von **Angelika Meister** (S. 140, 144).

Mit 22 Vogelsymbolen von **Wolfgang Lang**. Mit 64 Vogelstimmen von **Jean C. Roché** auf der KOSMOS-PLUS-App.

Umschlag- und Klappengestaltung von **Populärgrafik**, Stuttgart, unter Verwendung von vier Aufnahmen: Die Vorderseite zeigt einen Schwarzspecht (Foto von **Tomi Muukkonen/birdfoto.fi**) und einen Gimpel (Foto von **Mathias Schäf**). Die Rückseite zeigt eine Haubenmeise (Foto von **Rosl Rößner**). Hintergrund von **Frank Hecker**. Die Bilder auf der vorderen Umschlagklappe innen stammen aus dem Artenteil des Buchs (vgl. Bildnachweis). Die Fotografen der Fotos auf der hinteren Klappe innen sind bei der Auflösung der Rätselvögel genannt.

Die doppelseitigen Kapitelaufmacher zeigen:
S. 2/3: Zaunkönig (**Mathias Schäf**), S. 22/23: Kleiber (**Mathias Schäf**), S. 24/25: Buntspecht (**Arto Juvonen**), S. 62/63: Wintergoldhähnchen (**Jari Peltomäki**), S. 98/99: Waldlaubsänger (**Mathias Schäf**), S. 128/129: Sperlingskauz (**Torsten Pröhl**) und S. 132/133: Buchfink (**Mathias Schäf**).

Auflösung der Rätselvögel (hintere Umschlagklappe):
1 Haubenmeise, **2** Kolkrabe, **3** Blaumeise, **4** Habicht, **5** Star, **6** Wintergoldhähnchen, **7** Mönchsgrasmücke, **8** Hohltaube, **9** Schwanzmeise, **10** Gimpel (Fotos 2, 3, 7, 8, 9 und 10 von **Frank Hecker**; Foto 1 von **Rosl Rößner**; Fotos 5 und 6 von **Mathias Schäf**; Foto 4 von **Rudolf Schmidt/Frank Hecker**).

Der Inhalt dieses Buches ist sorgfältig recherchiert und erarbeitet worden. Dennoch können weder Autor noch Verlag für alle Angaben im Buch eine Haftung übernehmen.

Unser gesamtes Programm finden Sie unter **kosmos.de**
Über Neuigkeiten informieren Sie regelmäßig unsere Newsletter, einfach anmelden unter **kosmos.de/newsletter**

Gedruckt auf chlorfrei gebleichtem Papier

© 2021, Franckh-Kosmos Verlags-GmbH & Co. KG, Pfizerstraße 5-7, 70184 Stuttgart
Alle Rechte vorbehalten
ISBN: 978-3-440-16989-6
Redaktion: Lisa Hummel
Produktion: Markus Schärtlein
Gestaltungskonzept: Populärgrafik, Stuttgart
Satz: Text & Bild, Michael Grätzbach, Kernen
Druck und Bindung: Longo AG, Bozen
Printed in Italy/Imprimé en Italie

Vögel bestimmen
—— mit dem Svensson

400 Seiten, ca. € (D) 32,00

Der Kosmos-Vogelführer ist das umfassendste Bestimmungsbuch aller Arten Europas, Nordafrikas und Vorderasiens. 900 Vogelarten – Brutvögel, Durchzügler, Ausnahmeerscheinungen, eingebürgerte Arten – auf über 4 000 Farbzeichnungen mit den verschiedenen Kleidern, Unterarten und Geschlechtern. Erklärungen im Bild verweisen auf wichtige Merkmale und erleichtern die Orientierung. Aktuelle Verbreitungskarten mit Brut- und Überwinterungsgebieten, Zugrouten runden das Standardwerk von den führenden Ornithologen und Vogelzeichnern der Welt ab.

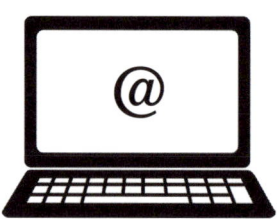

Ihre Themen
—— Unser Newsletter

Sie möchten regelmäßig aktuelle Neuigkeiten, Informationen und Angebote zum Thema Natur erhalten?

Fundiert recherchiert — Wissen aus der Praxis
Alles Wichtige auf einen Blick

Dann melden Sie sich jetzt für unseren Newsletter an.

www.kosmos.de/newsletter

KLAUS

Ich bin Klaus Nottmeyer und habe dieses Buch geschrieben.

Wie bist du zum Vogelbeobachten gekommen?
Ich bin ein Spätzünder. Erst mit 23 Jahren ging es los und hat mich dann nicht mehr losgelassen. Prägende Erlebnisse waren eine wunderbare Uni-Exkursion nach Norwegen, zwei Wochen als Beringer auf der Mettnau am Bodensee und vor allem die Zeit 1987 als Vogelwart auf Mellum. Seitdem bin ich immer wieder zurückgekehrt, zum Rastvogelzählen und als Aushilfe. Einmal Mellum, immer Mellum.

Auch heute noch beobachtest du leidenschaftlich gern Vögel. Wieso bist du dabeigeblieben?
Die Freude an der Beobachtung. Das Wunderbare bei der Vogelbeobachtung ist, du lernst nie aus. Das Birdrace ist ein tolles Beispiel: es macht sehr viel Freude gemeinsam einen langen Tag Vögel zu gucken – „nur" zum Spaß! Seit fünf Jahren habe ich zudem das Glück, das mich privat eine Frau begleitet, die eine waschechte Birderin ist. Angelika spornt mich an, Vögel wieder und wieder neu zu sehen, auf Helgoland, am Dümmer ... Dabei lernt sie viel, sagt sie – ich aber auch! Ihr widme ich dieses Buch.

Vögel im Wald zu beobachten ist nicht einfach. Warum würdest du trotzdem jedem empfehlen, es mal zu versuchen?
Ich habe vor 10 Jahren angefangen, intensiv Vögel im Wald zu erfassen. Das Schwierige dabei empfinde ich als besonders reizvoll. Die vielen überraschenden Begegnungen machen für mich jeden Aufenthalt zu einem Genuss.

Wie stellst du es an, die Vögel zu finden?
Ich lasse inzwischen viel mehr auf mich zu kommen. Wenn du viel herumläufst, entgeht dir auch viel. Beim Pause machen und auch so schaue ich mich einfach um.

Hast du einen Lieblingsvogel?
Der Vogel, den ich immer schon klasse fand, ist der Kolkrabe.

Welche waldigen Highlights kannst du empfehlen?
Jeder Wald, auch wenn er klein ist, lohnt einen Besuch. Große Wälder sind toll, weil es mitten drin so schön still sein kann und du die Vögel hörst. Ohne störenden Lärm.

Wie war es für dich ein Buch zu schreiben?
Es hat total viel Spaß gemacht. Neben der Arbeit war es aber auch eine Herausforderung. Danke an das tolle Team bei KOSMOS, vor allem Frau Hummel für endlose Geduld! Ulrike Letschert und Bernhard Walter danke ich für wichtige Hilfen ebenso wie Thorsten Krüger.